愛知大学文學会叢書 XII

農耕技術の歴史地理

有薗 正一郎

古今書院

はしがき

　前著『在来農耕の地域研究』を刊行して 10 年が過ぎました。この間，職場での教育と雑務の合間を縫って，農耕技術から地域の性格を明らかにする作業を，淡々と続けてきました。とりわけ頑張ったわけではありません。ほどほどの歩みで報告を書いているうちに，1 冊の単行本にまとめられる量に近い原稿がたまりました。そして，単行本を刊行しようという気になってから，日頃書きたいと思っていたことを，5 つの原稿にまとめたので，合わせて 11 の章を組むことができました。これが本書『農耕技術の歴史地理』を世に問うことになったいきさつです。

　地理学では，ある指標のもとでまとまりをもつ領域を地域と呼んでいます。本書では農耕の技術が指標です。地域に根ざす農耕の技術は，そこにある資源を活かし，かつ無駄なく循環させた人々の知恵の結晶です。それゆえに，廃棄物がほとんど出ない，じつに合理的な生産と生活の体系が，それぞれの地域ごとにありました。その内容を 11 の章で記述することにします。

　第 1 部では，地域の環境に適応する農耕技術について記述します。

　第 1 章「近世農書の著者の環境観」は，近世農書の著者たちはどのような環境観を持っていたかについて，私の考えを整理した論稿で，第 1 部の総論に当たる章です。農書の著者たちは環境を所与のものと考えていたか，適時におこなう耕作の日どりをどのように設定していたか，水田二毛作への評価，農家屋敷内各施設の配置，の 4 つの視点から私の考えを記述しました。

　第 2 章「気候環境に適応する 2 つの中耕農法」では，夏雨地域である東アジアになぜ 2 つの中耕農法があるのかの理由を，地中水分量の季節変化から説明しました。夏季の降水量が少なく気温が上がる中国華北では，夏作物の生育に必用な量の地中水分を保つために，降水後に耕地の表土を砕いて，地表面から

の水の蒸発を抑える中耕保水農法がおこなわれており，その歴史は2,000年前の農書『氾勝之書（はんしょうししょ）』に遡ることができます。一方，夏季に高温多湿になる日本では，農作物の間に生える雑草を取る作業が欠かせません。近世の農書『農業全書』には，中耕除草農法が記述されています。『農業全書』の著者は，中国明代末に編集された『農政全書』が引用する『氾勝之書』の中耕保水農法を中耕除草農法だと誤解したのですが，結果オーライで，『農業全書』が説く中耕除草農法は近世の農民に受け入れられました。「所変われば品変わる」の例です。

第3章「農書『農業時の栞（しおり）』の耕作技術の地域性」では，近世後半の三河国における木綿（わた）の耕作技術の地域性を記述しました。『農業時の栞』は，天候不順が原因で起こった天明の飢饉の時期に著作されているので，その内容の特徴は，ほどほどの量の木綿を収穫するための技術が記述されていることです。したがって，所与の環境のもとで最大の収穫を求める技術を記載する場合が多い近世農書の中では，『農業時の栞』は個性を持つ農書だといえます。

第4章「近代初頭 奥三河の里山の景観」では，日本陸軍が20世紀世紀初頭に作成した縮尺5万分の1初版地形図が「荒地（あれち）」と表記する場所の実際の景観を，19世紀末に奥三河の4つの村で作成された『地籍帳』『地籍字分全図（あざわけ）』と，土地の古老からの聞き取りにもとづいて復原してみました。その結果，地形図が「荒地」と表記した場所は，手がつけられない荒蕪地ではなく，村人が農耕と生活を営むための資源として使う柴草（多年生の草と幼木）が生える里山だったことと，村人は柴草を採取するために里山の植生に介入していたことがわかりました。

第5章「村の資源循環からみた里山の役割」では，近世の史料に記載されている里山の地域呼称が実際の用途をどの程度説明しているかの検討と，20世紀中頃までの村をめぐる資源循環の中における里山の位置付けを試みました。そして，20世紀中頃までの村では村人・都市住民・田畑・里山の間で資源が循環しており，里山は柴草や用材などの資源を村人に提供し，柴草は田畑に施用され，農産物が田畑から村人に提供され，村人は里山を管理するために人的資源（労力）を注ぎ込んでいたことを，模式図に示しました。

第2部「農耕技術論叢」では，農耕技術に関わる議論の材料を同学の皆さんに提供するために，私の農耕技術論を記述します。

　第6章「耕地の生産力を測る単位の変化」では，耕地の生産力を面積で表す公の単位と並行して，苅・刈・塚などの単位が，とりわけ畑で近年まで使われてきたことについて，私の見解を記述しました。従来，苅・刈・塚などの耕地の生産力を測る単位は，面積単位と並行して使われていたが，次第に面積単位のみが使われるようになったとされてきました。これは農耕技術の発達によって，単位面積当りの生産力が平準化していくという前提に立っての考え方です。しかし，畑では生産力の平準化が田ほどは進まなかったために，苅・刈・塚などの単位が近年まで使われてきたというのが私の見解です。

　第7章「近世以降における農業革命の時期設定試論」では，日本の農業革命は近世中頃から20世紀中頃まで，2世紀半かけて進行したとの私の説を記述しました。私は，近世農書の記述から地域の性格を明らかにする作業と並行して，ヨーロッパ近代の農業革命に関わる文献をいくつか読んできました。それをふまえて，近世中頃から蓄積された革新的技術が，20世紀中頃の農地改革によって，自作農たちで構成されようになった村に定着して，日本の農業革命が完結したというのが私の説です。

　第8章「近世以降の稲の干し方の分布」では，地干し法が稲架(はざ)などを使う掛け干し法と並行しておこなわれてきた理由を提示しました。すなわち，近代までは背の高い稲が作付されていたことと，昔の日本人は背が低かったことから，近代までの人にとって肩よりも高い位置に稲束を持ち上げる掛け干しを長時間続けることは苦痛であったために，地干し法も並行しておこなわれていたというのが私の説です。また，水に濡らさない工夫をすれば湿田でも地干しはできたのですが，一律の米質向上を目指す徴税者が掛け干し法を強制したことと，近年稲の背丈が低くなり日本人の背丈が高くなったことが，掛け干し法の普及と関わりがあることも記述しました。

　第9章「渥美半島の稲干場」では，1884〜85（明治17〜18）年に愛知県の各町村が作成した『地籍帳』と『地籍字分全図』に記載されている「稲干場」について，渥美半島を例にその分布と立地を示した後，「稲干場」とは刈った

稲束を地干しする場だったであろうことを記述しました。渥美半島を選んだのは，大蔵永常が渥美半島田原藩での営農指導のために著作したと思われる農書『門田の栄』(1835年) の中で，刈った稲をすぐに脱穀する方法をやめて，掛け干ししてから脱穀する方法を奨励しているからです。しかし，渥美半島の稲干場では地干しをおこなっていたというのが，私の説です。その理由は，稲と人の背丈に由来する掛け干し作業の苦痛さです。

　第10章「東アジアの人力犂」では，私の見聞と文献にもとづいて，日本，朝鮮，中国北部，中国雲貴高原で使われていた人力犂の分布・形態・操作法を記述しました。人力犂はふつう人間2人で耕地を起こす農具なのですが，その操作法には，踏み鋤や鍬のように回転運動を繰り返す方法と，家畜の代わりに人が引き続ける方法があります。4つの地域の中でも人力犂の操作法はさまざまなので，それぞれの地域ごとに操作法を記述しました。

　第11章「地籍図にみる近代初頭の土地利用」では，1884〜85（明治17〜18）年に愛知県の各町村で作られた『地籍字分全図』が，この時期の土地利用を復原するための資料として使えることを，2つの例をあげて記述しました。ひとつは木曽三川河口部に立地する大宝新田です。ここは平均海水面より低い土地を堤防で囲った低湿地ですが，細かく見ると，深水で稲を作付できない低地と，水が届かなくて稲を作付できない微高地が隣り合っており，前者では掘り上げた部分を田に使い，後者では掘り下げた部分を田に使っていました。その田を『地籍字分全図』から読み取ります。もうひとつは「千枚田」と呼ばれる見事な棚田がある，豊川上流の四谷村です。ここでは1904（明治37）年に斜面が崩れて棚田が押し流されたので，それ以前の棚田の形状を『地籍字分全図』から復原しました。そして，近年の調査では850枚ほどある棚田は，斜面崩壊前には1350枚ほどもあり，今よりも狭い島状の棚田景観が見られたことがわかりました。

　以上が各章で記述したことの要点です。なお，各章の間に「話の小箱」を5つ挟みました。内容は，それらが挟んである前後の章を読むのに役立ちそうな用語の説明や，農耕技術の基礎知識の解説などです。難しい話の合間の休憩時間を有意義に過ごすための寸談のつもりで記述しましたので，気楽に目をとお

していただければさいわいです。
　私は地理学徒なので，本書の目的は農耕技術を指標にして地域の性格を明らかにすることなのですが，本書に記述したことが地理学以外の分野の方々にも役立てば，望外の喜びです。そして，それぞれの分野に有用なデータや研究法を拾っていただければさいわいです。

2006 年夏の土用入りの日

も く じ

はしがき　i

第 1 部　環境に適応する農耕技術

第 1 章　近世農書の著者の環境観 …………………………………… 1
第 1 節　農書の著者たちは環境をどのように位置付けていたか　1
第 2 節　環境は所与のものか，改変可能か　3
第 3 節　耕作に適する日の設定法　6
第 4 節　水田二毛作への評価　7
第 5 節　農家屋敷内の各施設の配置　9
第 6 節　環境は「入れ子」の一番外側の箱　11

◆ 話の小箱（1）　二十四節気　15

第 2 章　気候環境に適応する 2 つの中耕農法 ………………………18
第 1 節　中国華北と日本の中耕農法　18
第 2 節　『氾勝之書』の中耕保水農法と渭河盆地の自然環境　19
第 3 節　西安の可能蒸発散量と地中水分量　23
第 4 節　『農業全書』の中耕除草農法と日本の気候環境　26
第 5 節　所変われば品変わる　29

第 3 章　農書『農業時の栞』の耕作技術の地域性 ………………32
第 1 節　地域に根ざした農書『農業時の栞』　32

第2節　諸本と著者と赤坂宿　34
　第3節　著作目的と読者を引き込むための工夫　39
　第4節　耕作技術の地域性　43
　第5節　三河国の農書への継承性　48
　第6節　地域ごとに異なる耕作技術の発展系列　49

◆ 話の小箱（2）「わた」と「くさわた」と「きわた」　53

第4章　近代初頭 奥三河の里山の景観 ……………………………55
　第1節　19世紀の里山は「荒地」だった　55
　第2節　本章の目的と方法　57
　第3節　『地籍字分全図』に描かれた里山の地目配置　60
　第4節　里山の景観と利用の実態　68
　第5節　里山の景観モデル　72

第5章　村の資源循環からみた里山の役割 ……………………………77
　第1節　20世紀中頃までの里山の景観　77
　第2節　近世における里山の呼称と用途　79
　第3節　村の資源循環と里山　83
　第4節　20世紀中頃以前と以後の里山の位置付け　87

第2部　農耕技術論叢

第6章　耕地の生産力を測る単位の変化について ……………………91
　第1節　耕地の生産力を測る2つの方法　91
　第2節　耕地の生産力を測る単位についての諸氏の見解　92
　第3節　耕地の生産力を測る単位はなぜ変化したか　99
　第4節　蒔・刈・塚が近年まで残った理由　101

第 7 章　近世以降における農業革命の時期設定試論 ……………… 104
　　第 1 節　農業革命概念についての諸氏の見解　104
　　第 2 節　飯沼二郎の農業革命論　106
　　第 3 節　近世以降における農業革命の時期設定試論　110
　　第 4 節　筆者の説を図示する　114

第 8 章　近世以降の稲の干し方の分布について …………………… 118
　　第 1 節　稲の干し方 3 種類の長所と短所　118
　　第 2 節　近世の稲の干し方の分布　120
　　第 3 節　近代の稲の干し方の分布　128
　　第 4 節　地干し法がおこなわれた理由を考える　131
　　第 5 節　なぜ掛け干し法は普及したか　134

◆ 話の小箱（3）　水田では連作障害は起こらない　139

第 9 章　渥美半島の稲干場 …………………………………………… 141
　　第 1 節　19 世紀中頃に変わる渥美半島の稲の干し方　141
　　第 2 節　本章の目的と考察の手順　142
　　第 3 節　三河国東部における「稲干場」の分布と立地　144
　　第 4 節　渥美半島の稲干場における稲の干し方　156
　　第 5 節　稲干場の意味　159
　　第 6 節　作業仮説は成立する　161

第 10 章　東アジアの人力犂 ………………………………………… 164
　　第 1 節　人力犂はこんな農具　164
　　第 2 節　日本の人力犂　167
　　第 3 節　朝鮮の人力犂　170
　　第 4 節　中国北部の人力犂　173
　　第 5 節　中国雲貴高原の人力犂　176

第 6 節　人力犂が使われた理由を考える　　180

◆ **話の小箱（4）　鋤と鍬**　183

第 11 章　地籍図にみる近代初頭の土地利用 ················· 185
　　　第 1 節　地籍を示す 2 つの資料　185
　　　第 2 節　木曽三川河口部大宝新田の重田と寄畠　186
　　　第 3 節　豊川上流域四谷村の棚田　191

◆ **話の小箱（5）　関西農業史研究会**　196

あ と が き　199

さ く い ん　204

第1部　環境に適応する農耕技術

第1章　近世農書の著者の環境観

第1節　農書の著者たちは環境をどのように位置付けていたか

　この章では，近世に「地域に根ざした農書」を著作した人々が，言及する地域の環境をどのように位置付けていたかを考察してみたい。ここで言う環境とは，自然環境のことである。

　近世の農耕技術は，1720年代頃を境にして，前半と後半で性格が異なる。

　近世前半は新田開発の時代，すなわち農耕空間の拡大によって生産力を向上させる時代であった。その技術基盤は，戦国時代に合戦の方法や軍資金の源泉である鉱山開発などで培われた土木技術であった。近世前半の120年ほどの間に，堤や用排水路の築造などによって広大な平野や台地に農耕地が広がっていき，日本の耕地面積は1.6倍になった。しかし，戦国時代に培った土木技術で開発できる土地は，近世中頃にはほとんど尽きてしまう。

　近世後半は精労細作の時代，すなわち既存耕地の高度利用によって生産力を向上させる時代であった。その技術的基盤は，長年営農経験を積んだ人々が作り上げた，地域に根ざす農耕技術であった。人々は適地を適時に耕作し，肥料を施用し，多収量品種を選んで作付し，多毛作をおこなうなどの諸技術を組み合わせることによって，作物の単位面積当り収穫量を増やしていった。これらの技術を伝える媒体が，親から子への口伝と，人々の情報交換と，文字情報の

農書であった。しかし，近世後半の人口はほとんど増えなかった。近世前半の過開発が原因になって起こった土地荒廃による生産力の低下と，近世後半の単位面積当り生産力の向上が，相殺しあったからであろう。

　いずれにせよ，所与の環境の枠内で人間が管理する領域が広がり，領域内の利用度を高める工夫をおこなえるようになった時代が，近世であった。その一端を，祭りに対する考え方の変化に見ることができる。中世までの祭りは，神（環境）からの恵みを願ってひたすら祈るだけであったが，近世には人が神とともに楽しむための祭りになったからである。

　このように状況が変わる中で，「地域に根ざした農書」の著者たちは，言及する地域の環境をどのように位置付けていたのであろうか。地域差と地域性を見分けつつ，農書の著者の環境観がわかる記述を拾ってみたい。ここでいう地域差とは，普遍性のある技術が波及していく過程を時間軸上のずれで説明できる場合を指し，地域性とは，地域ごとに固有の技術発展の系列を持つ場合を指す。

　本章と同じ視点で考察した報告を筆者はまだ見ていない。ここでは，近世農書研究の啓蒙書『農書の時代』の分担執筆者の記述の中から，環境と農耕技術との関わりについて言及した両極端の解釈をあげておきたい。

　三橋時雄[1]は，近世農書には「まだ自然に逆らわず自然に順応する形でその土地土地に適した技術が説かれている」（前掲（1）105頁）と，環境に順応する技術が記述されているとしている。他方，小西正泰[2]は「（近世末期には）農民が農事について記帳し，圃場試験をおこない，鋭い観察をもとに科学への目を開いて，それぞれの地域に適し，作物の性格にもとづいた農法を確立するようになった。……その底流にあるものは，永いあいだ農民を支配してきた自然まかせの農業から脱皮して，自然の力を人間の介入によりさらに効率的に利用したり，あるいは逆に克服しようとしたりする新しい農業観であろう」（前掲（2）243頁）と，近世農書には環境を利用・克服する技術が記述されているとしている。

　いずれが近世農書の著者の環境観として適切な解釈なのであろうか。「環境は所与のものか，改変可能か」「耕作に適する日の設定法」「水田二毛作への評価」「農家屋敷内の各施設の配置」の4つの項目を設定して，考察をおこなう

ことにする。それぞれの項目で取り上げる農書は，著作年代の古いものから新しいものの順に並べてある。

ちなみに，筆者が検索した範囲内では，「環境」という用語を使う近世農書類は見あたらないが，環境を意味する「天地」はよく使われる用語である。たとえば，『農業全書』[3]は「農事総論」の冒頭で，「稼を生ずる物ハ天也 是を養ふものハ地なり 人ハ中にゐて 天の気により 土地の宜きに順ひ時を以て耕作をつとむ もし其勤なくハ 天地の生養も遂べからず」（前掲(3) 12巻46頁）と記述している。また，下野国の『農業自得』[4]は「あとがき」で，「天然」という用語を「只米と麦とを元として 天然に原き 聊自得したらんと思ふ事のあらましを記し」（前掲(4) 90頁）と使っている。この「天然」も環境を指すと考えられる。

他に「環境」の意味に近い用語として，「風土」「水土」「土風」「地の理」「地理」を拾うことができる。これらの用語を使う農書名をあげ，翻刻者による現代語訳と該当ページを（ ）内に記述しておく。

「風土」は，陸奥国の『耕作噺』[5]（土地の気候風土，22頁），加賀国の『農事遺書』[6]（土地，130頁），土佐国の『耕耘録』[7]（その土地の気候や土質，19頁），常陸国の『東郡田畠耕方并草木目当書上』[8]（風土，6頁）が使っている。「水土」は，羽後国の『羽陽秋北水土録』[9]が書名に使い，本草書『薬草木作植書付』[10]（風土，332頁）が使っている。「土風」は往来書『満作往来』[11]（風土，67頁）が使っている。「地の理」は三河国の『百姓伝記』[12]（地の理，17巻119頁；自然の法則，18巻114頁）が使っている。「地理」は，羽後国の『羽陽秋北水土録』（地理，65・70頁）と，尾張国の『農稼録』[13]（気候風土，10頁）が使っている。これらの用語が使われている文章の内容を見る限り，現代語訳はいずれも「環境」に置き換えても通じると，筆者は考える。

第2節　環境は所与のものか，改変可能か

『会津農書』[14]は17世紀末の岩代国会津盆地の耕作技術を伝える農書である。『会津農書』は環境は所与のもので，書名もそれにちなんでつけたと記述

している。

> 其国の気候に因りて　作節に遅速有　土地の肥墝　堆埴　塗泥の位に応し　作毛の品々も異なれハ　他国に是を用ひ難し　故に会津農書と号す（前掲（14）6頁）

17世紀末に刊行された『農業全書』は，中国農書と著者の見聞と営農経験にもとづいて著作されている。著者の宮崎安貞は環境の枠内で人間が努力することを奨励している。次の2つの記述は中国農書からの引用であるが，後者は人間の努力次第で土壌改良ができることを説いており，環境を構成する要素の改変は可能な部分があるとの見解に立っている。

> 稼を生ずる物ハ天也　是を養ふものハ地なり　人ハ中にゐて　天の気により　土地の宜きに順ひ　時を以て耕作をつとむ　もし其勤なくハ天地の生養も遂べからず（前掲（3）12巻46頁）

> 上々と下々との土ハ　人のちから及ハざる物也　其間　中下の土におゐてハ……漸く人のちからにて　変じかゆる事　なる物なれバ　其土の性をよく見分て　うへ物よりそれぞれ手入の品に至るまで　其相応をしること第一也（同12巻77頁）

『耕稼春秋』[15]は加賀国金沢近郊の17世紀末～18世紀初頭の農耕技術を伝える農書である。『耕稼春秋』の著者は『農業全書』を参考にして営農経験を積み，加賀国の環境では適用できない部分を加賀国の環境に適応するように修正して『耕稼春秋』を著作したことが，次の記述でわかる。したがって，『耕稼春秋』の著者も，環境は所与のものであると考えていたようである。

> 我農業全書を度々誠に田畠耕作手入数年……誠に其志の甚深き事実感多し　然共耕作の事ハ国郡庄郷村々によりて其品一様ならす（前掲（15）240-241頁）

『耕作噺』は18世紀後半の陸奥国津軽平野の稲作技術を伝える農書である。『耕作噺』は，環境は所与のものであるが，夏の気温が低い年でも，早稲を早植えして入念に育てれば十分に結実すると述べる。

> 夫天の時不如地利　地の利も人の和にしかずと古往の伝へなり……冷気の年には稔兼候土地にても　早稲を仕付五七日も植付を早くし肥蘆を熟し

土地に和する様に手入を能すれば　必能稔る　此故に天の時の冷気にも負ず　土地の善悪にもまけず　稔よき稲を取事は人の仕方に有と　古往の老農の教なり（前掲（5）32-33頁）

『農事弁略』(16)は18世紀後半の甲斐国における扇状地の畑作技術を伝える農書である。『農事弁略』の著者は『農業全書』の耕作技術を参考にして営農経験を積み，著者が住む場所の環境では適用できない部分を，そこの環境に適応するように修正して『農事弁略』を著作したことが，次の記述でわかる。したがって，『農事弁略』の著者も，環境は所与のものであると考えていたようである。

此書（『農業全書』のこと）詳かなりと云へども　此辺の土地相応成事少し　故に全書を本とし　且老農の功者をバ遠路雨雪をいとはず尋聞　耕作に心を寄　日記を集め農事弁略を作る（前掲（16）297頁）

『農業時の栞』(17)は18世紀後半の三河国平坦部の耕作技術を伝える農書である。『農業時の栞』は『農業全書』の耕作技術を参考にしつつ，環境は所与のものとして，言及する地域に適合する耕作技術を説く農書である。また，『農業時の栞』は，天候不順な年でも人間が工夫すれば，ほどほどの収穫量が得られることを強調する。

書（『農業全書』のこと）に有事悪敷といふにハあらざれとも　其国其土地によりてをのをの作り方替へし（前掲（17）130頁）
仮令少々ハ難年成共　農人功者なれバ　難にあわざる様の工夫をして作れハ　十ヲ以算れハ　六七分ハまぬかるへし（同64頁）

『軽邑耕作鈔』(18)は19世紀前半の陸中国北部の畑作技術を伝える農書である。『軽邑耕作鈔』は『農業全書』の耕作技術を参考にしつつ，環境は所与のものとして，言及する地域に適合する耕作技術を説く農書である。

農業全書に於ける　事委く種々の草木までを載すると雖とも　悲しむべし也　軽邑の辺土に応ぜざる物最も多し　故に之を省き　五穀及び生育の安きのみを挙げて　家族をして得意の端たらしめん（前掲（18）9頁）

大蔵永常は売るための農産物を作り方を記述する専門農書を数多く書いた作家である。『広益国産考』(19)の次の記述に，大蔵永常の考え方が端的に表現されている。

町人百姓ハ主人とてなけれバ　百姓の主人ハ田畑にあたり　町人の主人ハ得意なれども　種々に手段を廻らし　金銀を儲くるが主人なり　勤なるべし（前掲（19）54-55頁）

その大蔵永常も，環境は所与のものとして，その枠内で売れる農産物を作ることを奨励している。

すなわち，『綿圃要務』(20)では「ねがハくハ記す所の気候と種類とをよく考へ　其所の地味に引合せ　作り給ハゞ　便とならん事広大なるべし」（前掲（20）329頁），『農具便利論』(21)では「夫農作の地を見立るにハ　第一水利を先とし土味と寒暖とを考へ其土地に応ずるものを見立植るにあり」（前掲（21）243頁），『広益国産考』では「国産となるべきものは国所により其品の相応すれバよくできぬるものなり　又寒暖土地の応不応にて出来ざる所あり」（前掲（19）218頁）と記述している。

以上取り上げたいずれの農書も，環境は所与のものであるとしている。農業は，それが拠って立つ環境の枠内でおこなう生業なのである。しかし，その一方では，環境が許容する枠内で人間が適切な時期に適切な田畑で耕作をおこなえば，適度な量の収穫が得られるとも述べている。かつ，著作年代が新しい農書ほど，適地適作・適時適作・手入工夫すれば作物の収穫量は増えることを強調する動きが見られる。それでも，環境が許容する枠内での人間の工夫であった。筆者はこれが農業という生業の本来の姿であると考えている。

第3節　耕作に適する日の設定法

『清良記』巻七(22)は17世紀後半の伊予国南部の耕作技術を伝えるとされる史料である。『清良記』巻七は適時に耕作せよと述べる。

　　五穀を時節相応に仕付（前掲（22）9頁）

　　千八品の物作り　何も相応の仕付時定て御座候（同16頁）

　　耕作は天然の時刻相応の時分仕付る事定てある物なれは　先第一引手（将棋の待ったのこと）なしにて御座候（同131頁）

『百姓伝記』は17世紀後半に三河国矢作川下流域に住んだ人が書いた農書で

あるとされている。『百姓伝記』は適時に耕作せよと述べる。

　　田をかへし　稲を植　耕作仕るハ　土民の本たり　四季節を愚意にまかせ　時にたかふ事なかれ（前掲（12）17巻71-72頁）
　　土民二六時中になすわざハ猶以大切なり　田をかへす時々　物種を取置時々　蒔時の耕作の時々　やしなひの時々　かり取つミとり時分　ミな時をたかへさるものなり　それに前後ありてハ損亡ありて　国土の費をなすへし（同16巻67頁）

　岩代国の『会津農書』は，その年の時節の移り変わりを見極めたうえで，耕作に適する日を含めて，前後数日に分けて作業することを奨励している。

　　田畑共に一日に作毛植究とハ宜しからす　本節に当て耕共　其年に寄り少しハ時節に遅速あり……本節を中に夾て　始中終と日を重て植へし（前掲（14）204-205頁）

　『農業全書』は中国農書を引用して，適時に耕作せよと記述している。

　　耕の本ハ時を考へて　土を和らぐるを肝要とする事也　其時分をよくしるべし（前掲（3）12巻53頁）
　　其時日にをくれず時分時分に　耕し種るを肝要とするなり　四季八節を用て　月にハかゝハるべからず……地の利と人の功とハよく調るといへども　天の時に合ざれバ　苦労空しくして益すくなし（同12巻79頁）

　三河国の『農業時の栞』は，天候不順年でもほどほどの収穫量を得るための耕作技術を記述する農書である。『農業時の栞』は適時適作を強調する。

　　別而百姓ハ時節を待が第一なり（前掲（17）118頁）

　いずれの農書も季節の運行に合わせて適時に耕作することを奨励している。生き物を育てる生業である農業には欠かせない心得である。ここ四半世紀の間，日曜百姓を楽しんできた筆者の経験では，耕作に適する日の許容幅は10日ほどである。

第4節　水田二毛作への評価

　三河国の『百姓伝記』は，田で裏作をせずに，冬には田に水を入れておくこ

とを奨励している。ただし，畑がほとんどない村では水田二毛作も止むをえないとも記述している。

　　　しらぬあきなひせんよりハ　冬田に水をつゝめと世話に云り（前掲（12）17巻73頁）
　　　田に麦を作　跡をまた田かへし稲を作る事　費多し　然共　田斗多くして畠なき村里ハ　両作つくるへし（同17巻84頁）

　岩代国の『会津農書』は，田で裏作をせずに，冬には田に水を入れておくことを奨励している。ただし，畑がほとんどない村では水田二毛作もやむをえないとも記述している。

　　　山里田共に惣而田へハ冬水掛てよし（前掲（14）54頁）
　　　麦かり跡に晩稲殖てよし　又糯を殖てもよし　とかく麦田の稲ハ本田（一毛作田のこと）より悪し　されとも畑不足の処ハ蒔て養を多く入れは余り損もなし（同64頁）

　『農業全書』は冬には田に水を入れておくことを奨励しているので，水田二毛作はおこなわなかったことになる。

　　　水田(みづた)をバ水の干(ひ)ざるやうに　冬よりよく包(つつ)ミをくべし　深田(ふかた)の干(ひ)われたるハ甚よからぬものなり　寒中(かんちう)ハ　猶(なを)よく水をためて　こほらせをきて春耕(たがや)すべし（前掲（3）12巻57-58頁）

　加賀国の『耕稼春秋』は，早稲と中晩稲を2年で輪作し，その間に隔年で麦か菜種を作付する水田二毛作をおこなうと記述している（前掲（15）37-71頁）。また，加賀藩領ではここ半世紀の間に裏作物の麦と菜種の作付面積が倍増したようだが，田畑とも二毛作を続けるには大量の肥料が必要だとも記述している。

　　　御領国三州にて麦菜種承応改作の頃より　唯今田の歩数一倍程多く植る事口伝有　惣して一ケ年田畠一所に二作共すれハ　土の性ぬけて下地となる　是によりて糞も段々多入増也（前掲（15）71頁）

　三河国の『農業時の栞』は，冬には田に水を入れておくことを奨励している。ただし，記述内容は『農業全書』とほぼ同じである。

　　　古(いにしへ)より云つたへにも　冬田(ふゆた)に水をかこへといふハ　水あれハ　下の土氷らさる為(ため)也（前掲（17）135頁）

『門田の栄』(23)（1835年）には，摂津国の人が下総国の百姓に水田二毛作を奨める話が記述されている。

  御国バかりに限らず　東海道筋より関八州を　中深の田の分のこらず畦を高くかきあげ　麦菜種を作るやう成なバ　百万町の新田をひらくにも勝りて　国益と成事大ひなるべし（前掲（23）211-212頁）

多くの農書は冬には田に水を入れておくことをすすめている。水田二毛作は中世にはおこなわれていたとされるが，近世に入っても，水不足で田植ができない恐れがある田では，冬季も水を漏さないように囲っておいた。そのような田では稲の一毛作がおこなわれていたのである。近世農書が水田二毛作を奨励するようになるのは，19世紀に入ってからのことであった。

第5節　農家屋敷内の各施設の配置

伊予国の『清良記』巻七は，農家屋敷は次のような場所に構えよと記述している。

  上分の居所は　後に山を負ふて　前に田をふまへ　左りに流を用ひて　右に畑を押へ　親譲りの地方（田畑のこと）を屋敷廻りに扣て居らされは耕作心の儘には成不申候（前掲（22）10頁）

三河国の『百姓伝記』は，農家が屋敷を構えるべき場所と，屋敷内の各施設の配置について細かに記述している。

  屋敷かまへハ　東南地さかりにして　北西地高く日当り能事を専一とすへし……北西ハ樹木しげり　藪高くあつきに徳あり……家を作事するに我々か屋敷の中央につくるへし……屋敷せまくハ　北か西へよせ屋作りをして　東南に明地を多くすへし……屋敷の惣かまへ藪にして　内の方に下水はきの溝をほりて　竹の根　屋敷へさゝぬやうにせよ（前掲（12）16巻121-122頁）

  土民　馬屋を間ひろく作り　しつけすくなき処をハ　ふかくほりて　わら草を多く入て　ふますへし……土民の雪隠を　人々の分限に随て　大きにつくるへし……（雪隠は）本屋より南東へよせ　構てよし……屋敷の南東

の辺にほりをかまへ　屋敷中の惣悪水を落こませ　ちりあくたをも　つねにはき込　くさらかして　作毛のこやしに用ゆへし（同 16 巻 123-124 頁）

屋敷まハり植込をするにハ　北西にあたりてハ冬木（常緑樹）のいくくるしからす　風をふせくたよりとなる……土民の井のもとハ　日よくあたる処にほるへし……土民の釜屋　本屋にならへ作　土座なるへし（同 16 巻 125-126 頁）

土民の屋敷にハ種井と云て　堀をつねにほり置へし……種かしをするに用る也（同 16 巻 127 頁）

土民の屋敷　つまりつまりにちいさき桶かめをふせ置て　女わらべに大小便をさすへし（同 16 巻 230 頁）

土民の家ハ大かた土座なるへし……五穀のから其外を敷て　しつけをしのき　其くさるにしたかいひて　田畠のこやしとする徳あり（同 16 巻 236 頁）

　図 1 は，『百姓伝記』の記述にもとづいて筆者が描いた，農家屋敷内の各施設と耕地の理想的な配置図である。このイメージ図は，東海地域の平坦部で現在でもよく目にする農家屋敷の姿とほぼ同じである。

　岩代国の『会津農書』は，「農民屋敷構」「屋敷内樹木」「屋敷内作毛」「屋敷廻堀草」「内山樹木」「家構」「竈塗所」「井堀所」「雑水取術」「厩囲」「雪隠構」「灰捨所」「小便所」「溷尻」「塵穴堀所」「似宇構場」の項目を立てて，農家屋敷内の各施設の理想的な配置を記述している（前掲 (14) 190-198 頁）。その内容は『百姓伝記』と同じである。

　いずれの農書も，背後に山を背負い，前に田畑と流れを配置する屋敷を構えることを奨励している。日本は北半球に位置して太陽は南から射すので，十分な太陽光を受けて健康な生活ができるように，北が高く南下がりになっている場所，とりわけ山の南向き斜面と平坦地が接する傾斜変換点に屋敷地を設定すればよいことになる。その大枠の中で，屋敷内の各施設は使い勝手のよい位置に配置すればよい。そして，田畑はなるべく屋敷の南側に集めて，水の便がよい場所は田に，小高い場所は畑に使う。このように屋敷地と田畑を配置すれば，健康に暮らせるし，耕作も勝手よくおこなえるのである。

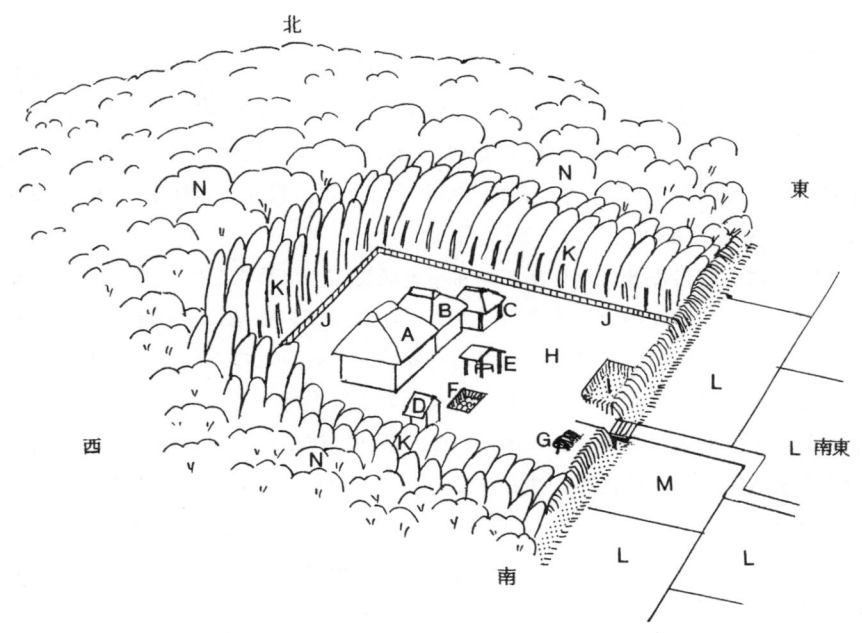

図1　『百姓伝記』の著者がイメージする農家屋敷の鳥瞰図
A．母屋　　　B．作業小屋　C．馬小屋　D．便所　　　E．井戸
F．ごみ溜め　G．小便壺　　H．作業庭　I．種籾漬け池　J．溝
K．竹林　　　L．田　畑　　M．苗代田　N．後背林

第6節　環境は「入れ子」の一番外側の箱

　近世農書の記述の中から，著者の環境観が読み取れる箇所を拾い上げて，地域差と地域性を考察してきた。地域差とは進んだ環境観が発生地から他地域へ普及していく時間軸上のずれのことであり，地域性とは地域固有の環境観のことである。

　「環境は所与のものか，改変可能か」「耕作に適する日の設定法」「水田二毛作への評価」「農家屋敷内の各施設の配置」についての結論は，それぞれの末尾に記述したので，ここでは繰り返さない。ここでは「近世農書の著者の環境

観」について，筆者の見解を述べてみたい．

　農書の著者の環境観については地域差と地域性はなく，どの著者も，言及する地域の環境に適応しつつ，適時に適地で適作をおこなえば最大の収穫量が得られると考えていたようである．近世の言葉で表現すれば，適時は「天」，適地は「地」，適作は「人」で，これらが和合すれば，自ずと「稼穡（耕し収めること）」の道は開けたのである．

　それでは，農書の著者たちが言及する地域に広めようとした技術を，どのように位置付ければよいか．筆者は「入れ子になっている箱」で説明できると考えている．すなわち一番外側の箱が自然環境，そのひとつ内側の箱が水利をはじめとする共同体でおこなう土木技術などの人文環境，もうひとつ内側の箱が個々の農家でおこなえる農耕技術である．農書にはこのもっとも内側の箱の大きさを最大限にする技術が記述されている．したがって，ひとつ外側の箱に収まる大きさの「規」を超えない範囲の技術であった．この「規」を超えると，適切な大きさに戻るまで，水争いや自然災害の形で外側の箱からの抑制作用が続くことになる．

　問題はもっとも内側の箱の姿である．望ましいのは，いずれかの形をとりつつ，最大の容積になることである．その形を作る要素が，作物の種類や作物の組み合わせや肥培管理技術や農具や消費地への距離などであり，「地域に根ざした農書」にはそれらが組み合わせとして記述されている．

　本章の第1節で紹介した，近世農書の著者たちが環境と農耕技術との関わりをどのように考えていたかについての2つの解釈のうち，筆者は「自然に順応する形でその土地土地に適した技術が説かれている」とする三橋時雄の解釈に賛同したい．

　ちなみに，近世農書の著者の環境観に地域差と地域性はないが，農耕技術には地域性がある．『農業全書』を読んで，言及する地域に適用できない技術を適用できる技術に差し替えて著作された「地域に根ざした農書」には，その地域の性格に適応する固有の技術が多く記述されている．しかし，その技術は環境を異にするがゆえに他地域では適用できないし，また時を経ると適用できるようになるものでもない．「地域に根ざした農書」には，それぞれの環境の枠

内で，著者の営農経験から生み出された，地域固有の農耕技術が記述されているのである。

今は環境の枠を超えた領域でおこなわれる人間の諸活動が，住む場を自ら住みにくくしている時代である。そして，災害や公害の形で我々が体験する諸事象は，「入れ子になっている箱」の一番外側に位置する自然環境からの抑制作用だと筆者は考える。近世農書の著者たちが持っていた環境観を今の我々も共有すれば，地域生態系の構成員として，より長く生き続けることができるであろう。

注
(1) 三橋時雄（1980）「近世の農業経営と農民」（古島敏雄編著『農書の時代』，農山漁村文化協会，74-106頁）．
(2) 小西正泰（1980）「近代への胎動－経験から科学へ－」（古島敏雄編著『農書の時代』，農山漁村文化協会，210-245頁）．
(3) 宮崎安貞（1697）『農業全書』．（山田龍雄ほか翻刻，1978,『日本農書全集』12, 農山漁村文化協会，3-392頁，同13, 3-379頁）．
(4) 田村吉茂（1841）『農業自得』．（泉雅博翻刻，1981,『日本農書全集』21, 農山漁村文化協会，3-96頁）．
(5) 中村喜時（1776）『耕作噺』．（稲見五郎翻刻，1977,『日本農書全集』1, 農山漁村文化協会，13-121頁）．
(6) 鹿野小四郎（1709）『農事遺書』．（清水隆久翻刻，1978,『日本農書全集』5, 農山漁村文化協会，3-193頁）．
(7) 細木庵常・奥田之昭（1834）『耕耘録』．（横川末吉翻刻，1982,『日本農書全集』30, 農山漁村文化協会，3-143頁）．
(8) 木名瀬庄三郎（1860）『東郡田畠耕方并草木目当書上』．（秋山房子翻刻，1995,『日本農書全集』38, 農山漁村文化協会，4-29頁）．
(9) 釈浄因（1788）『羽陽秋北水土録』．（田口勝一郎翻刻，1996,『日本農書全集』70, 農山漁村文化協会，49-164頁）．
(10) 小坂力五郎（1843）『薬草木作植書付』．（江藤彰彦翻刻，1996,『日本農書全集』68, 農山漁村文化協会，311-366頁）．
(11) 山岡霞川（1836）『満作往来』．（徳永光俊翻刻，1998,『日本農書全集』62, 農山漁村文化協会，55-80頁）．
(12) 著者未詳（1681-83）『百姓伝記』．（岡光夫翻刻，1979,『日本農書全集』16, 農山漁村文化協会，3-335頁，同17, 3-336頁）．
(13) 長尾重喬（1859）『農稼録』．（岡光夫翻刻，1981,『日本農書全集』23, 農山漁村文化協会，3-128頁）．

(14) 佐瀬与次右衛門（1684）『会津農書』．（庄司吉之助翻刻, 1982,『日本農書全集』19, 農山漁村文化協会, 3-218 頁）．
(15) 土屋又三郎（1707）『耕稼春秋』．（堀尾尚志翻刻, 1980,『日本農書全集』4, 農山漁村文化協会, 3-318 頁）．
(16) 河野徳兵衛（1787）『農事弁略』．（飯田文弥・小林是綱翻刻, 1981,『日本農書全集』23, 農山漁村文化協会, 293-341 頁）．
(17) 細井宜麻（1785）『農業時の栞』．（有薗正一郎翻刻, 1999,『日本農書全集』40, 農山漁村文化協会, 31-197 頁）．
(18) 淵澤圓右衛門（1847）『軽邑耕作鈔』．（古沢典夫翻刻, 1980,『日本農書全集』2, 農山漁村文化協会, 3-136 頁）．
(19) 大蔵永常（1859）『広益国産考』．（飯沼二郎翻刻, 1978,『日本農書全集』14, 農山漁村文化協会, 3-412 頁）．
(20) 大蔵永常（1833）『綿圃要務』．（岡光夫翻刻, 1977,『日本農書全集』15, 農山漁村文化協会, 317-411 頁）．
(21) 大蔵永常（1822）『農具便利論』．（堀尾尚志翻刻, 1977,『日本農書全集』15, 農山漁村文化協会, 119-306 頁）．
(22) 土居水也（年代未詳）『清良記』．（松浦郁郎・徳永光俊翻刻, 1980,『日本農書全集』10, 農山漁村文化協会, 3-204 頁）．
(23) 大蔵永常（1835）『門田の栄』．（別所興一翻刻, 1998,『日本農書全集』62, 農山漁村文化協会, 173-214 頁）．

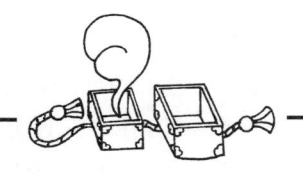

話の小箱（1）二十四節気

　テレビの「あしたのお天気」コーナーで，立春とか夏至という言葉を聞いた覚えはありませんか。これらは二十四節気のひとつです。

　日本は1872（明治5）年まで中国の暦を参考にした暦を使っていました。この暦は太陰太陽暦でした。空の月の新月から次の新月までの間，約29.5日を1か月とし，それの12倍の期間を1年としていました。これだと354日ほどしかなくて，365日ほどを1年として循環する太陽の運行（日照時間の長短）に従って暮らす我々の生活には不便なので，2～3年に1度，過ぎた月をもう一度繰り返す閏月を組み込んで調整していました。したがって，太陰太陽暦と呼びます。

　しかし，この暦だと，太陽の運行にもとづく1年から見ると，ある日が前になったり後になったりで，じつに繁雑です。とりわけ，適時に農作業をせねば農作物が丈夫に育たない農民には，扱いづらい暦でした。

　そこで，太陰太陽暦とは関わりなく，365日を1年にする暦が中国で考案され，日本でも用いられていました。それが「二十四節気」です。1年365日を24に分けますので，一区切りは15～16日です。そして，奇数の区切りを節気，偶数の区切りを中気と呼びます。

　正月の節気は立春，正月の中気は雨水で，以下，2月は啓蟄と春分，3月は晴明と穀雨，4月は立夏と小満，5

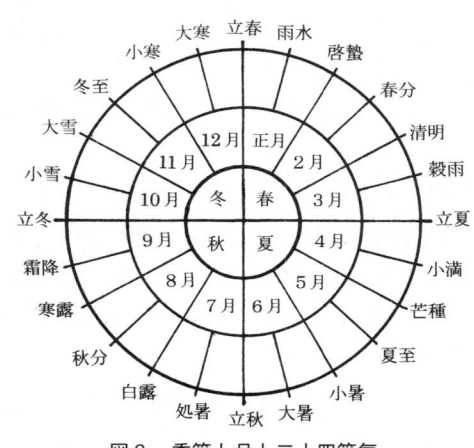

図2　季節と月と二十四節気

月は芒種と夏至，6月は小暑と大暑，7月は立秋と処暑，8月は白露と秋分，9月は寒露と霜降，10月は立冬と小雪，11月は大雪と冬至，12月は小寒と大寒の順で，24の節目が設定されています（図2）。そして，正月から3月が春，4月から6月が夏，7月から9月が秋，10月から12月が冬の，四季にまとめられています。「日本の季節の移り変わりよりもひと月あまり早いじゃないか」と思われるかもしれませんが，たとえば立春はおよそ太陽暦2月の第1週で，ほぼひと月遅れなので，それぞれの節目につけられた現象が兆す日という目でみれば，それほどずれてはいません。

　近世の農書は，この二十四節気を使って，農作業をおこなうのに適切な日取りを記述しています。例えば『農業全書』「農事総論」[1]には，「凡種芸の事にハ　四季　八節　二十四節を考へ……其時日にをくれず時分時分に耕し種るを肝要とするなり　四季八節を用て　月にハかゝはるべからず」（前掲（1）79頁）との記述があります。四季は春夏秋冬，八節は立春・春分・立夏・夏至・立秋・秋分・立冬・冬至です。『農業全書』は，太陰太陽暦の月ではなく，太陽暦（二十四節気）に従って農作業をおこなえと説いているのです。また「春の耕しハ　冬至〈十一月ノ中〉より五十五日に当る時分　菖蒲の初てめだつを見て耕し始る物なり」（前掲（1）51頁）という記述もあります。今の暦では2月の半ば過ぎ頃から，田畑の耕起を始めなさいということになります。

　二十四節気は毎年の日取りが動きませんので，適時に農作業をする必要がある農民には便利な暦でした。農民は太陽暦で農耕の日取りを決めていたのです。たとえば，茶摘みが始まる八十八夜と台風の盛期である二百十日は，立春の日から起算した日取りです。

　私は休みの日はほぼ1日百姓仕事をしています。そして，二十四節気の順行の中で1年を暮らしています。私の経験では，それぞれの農作業日程の許容範囲は，適期を挟んで10日ほどです。農耕はそれくらいの時間幅の中でおこなえる生業なのです。

　ちなみに，太陰太陽暦明治5年12月3日を太陽暦明治6年1月1日にしたのは，役人に12月分の給料を支払わなくて済んだからだそうです。

なんだかセコい話ですが，日本ではこの時から，今の暦である太陽暦が使われ始めました．

(1) 宮崎安貞（1697）『農業全書』．（山田龍雄ほか翻刻，1978，『日本農書全集』12，農山漁村文化協会，46-127頁）．

第2章　気候環境に適応する2つの中耕農法

第1節　中国華北と日本の中耕農法

『農業全書』[(1)]（1697年）は，近世の農民たちにもっとも多く読まれた農書であろう。板木を使って印刷された本だったことと，徳川光圀など支配する側がこれを読むことを奨励したことが，多くの読者を得られた要因のひとつであった。

この『農業全書』「農事総論　耕作　第一」に，次の文章が記載されている。
　　（春）此等の土ハ　塊をくだき置て　草少生じたるを見て又耕し　小雨の後又耕し　かきこなして　塊少もなきやうにしをきて　時を待べし
　　（前掲（1）12巻54頁）
　　冬雪のふりつみたるをバ　上をかきならし踏付をくべし　春になりてうるほひをたもち　虫も死して　稲よくさかゆるものなり（同12巻57頁）

最初の文章は，春先に生えてくる雑草を徹底的に取り除いてから，農作物の種を蒔く，精労細作農法である。農作物が耕地にある間は，除草作業が繰り返されたので，飯沼二郎[(2)]はこれを中耕除草農業と呼んだ（前掲（2）74頁）。

このように精細な耕地の管理をおこなうと，多くの面積は経営できない。そこで，『農業全書』は，「農事総論　耕作　第一」で次のように記述している。
　　抑耕作にハ多くの心得あり　先農人たるものハ　我身上の分限をよくはかりて田畠を作るべし　各其分際より内バなるを以てよしとし　其分に過るを以て　甚あしゝとす（前掲（1）12巻47-8頁）

しかし，上記の3つの文章は，『農業全書』の著者が長年の営農経験にもとづいて記述した文章ではなく，『農業全書』よりも60年ほど前の中国明代末に

編集された『農政全書』[(3)]の日本語訳である。それぞれに該当する文章は，次のとおりである。

    『氾勝之書』曰……春　輒平摩其塊以生草　草生　復耕之　天有小雨　復耕　和之　勿令有塊　以待時（前掲（3）136頁）

    『氾勝之書』曰……冬雨雪止　輒以藺之　掩地雪　勿使従風飛去　後雪復藺之　則立春保澤　凍虫死　来年宜稼（同 137 頁）

    『斉民要術』曰……凡人家営田　須量己力　寧可少好　不可多悪（同 133 頁）

上の引用から，『農政全書』は，紀元前1世紀後半に著作された『氾勝之書』と，6世紀に著作された『斉民要術』を引用していることがわかる。『氾勝之書』は散逸しているが，石声漢[(4)]は後代の文献の中から『氾勝之書』の文章を拾っている。また『斉民要術』は現存しており，その翻刻本がいくつかある[(5)]。これらの原典と対照すると，『農政全書』の引用は正確である。

ただし，なぜこのように精労細作するかの理由は，日本とはまったく異なる。乾燥地の中国華北では，夏作物が生育するのに必要な水分を地中に保っておくために，夏作物の播種前から成熟期まで，入念な砕土作業を繰り返すのである。飯沼二郎はこれを中耕保水農業と呼んだ（前掲（2）74頁）。

この章では，夏作物の栽培中に保水のための精労細作をおこなう中国華北の方法を「中耕保水農法」と呼び，夏作物の生育中に除草のための精労細作をおこなう日本の方法を「中耕除草農法」と呼んで，2つの地域の気候と農耕技術との関わりについて記述してみたい。

第2節　『氾勝之書』の中耕保水農法と渭河盆地の自然環境

（1）『氾勝之書』について

中国の農書はほとんどが，「～曰」と，既存の諸農書が記述する内容を列挙した後，自分が奨励したい技術を記述しているので，後代の農書ほど自らの見解を記述する分量が少なくなる。たとえば，『農政全書』が「玄扈先生曰」の書き出しで編者徐光啓の見解を記述する分量は，記述総量の1％未満である。

したがって中国の農書は，引用した諸農書から，どの系統のものであるかを容易に知ることができる。

図3は，石声漢[6]が作成した農書系統図（前掲(6) 197頁）である。この図から，中国農書の多くは，前漢の時代に華北で著作されたとされる『氾勝之書』の記述内容を踏襲していることがわかる。したがって，ここでは『氾勝之書』の著者の仕事場に近い陝西省西安の気候資料を使って，中国華北の夏季の蒸発散量と中耕保水農法について記述する。

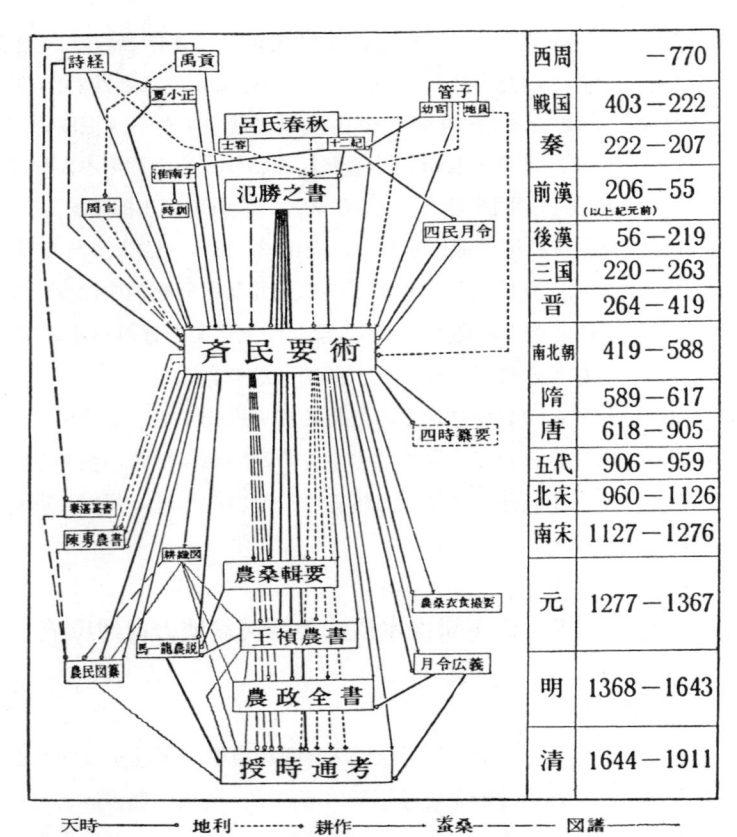

図3 中国における農書の系統図
『中国古代農書評介』[6]の訳書197頁を転載。

『氾勝之書』は，紀元前1世紀後半に，氾勝之（または氾勝）が著作したとされる農書である。氾勝之は前漢成帝の時代に，西安郊外で営農指導をおこなったという（前掲(6)29頁）。西安は黄河の支流である渭河流域の盆地に立地する。

石声漢によると，『氾勝之書』は北宋の初期までは原典があり，18篇2巻だったが，現存する記事は3100字余りだという（前掲(6)29頁）。前節に記述した『氾勝之書』の文章は，岡島秀夫ほか[7]による現代語訳では次のようになる。

　　土塊をくだいてハローをかけてならして草を発芽させる。雑草が発芽したらまた耕す。ぬか雨のあとはまた耕す。土塊をくだき，播種の適期を待つ。（前掲（7）23頁）

　　冬，雪が降りやんだら，地表の雪を保持するために反転しなさい。そして風で吹きとばされるのを防ぎなさい。後で降った雪も同様にしなさい。土の水分はこのようにして春がくるまで保たれ，土の水分が凍るので害虫は死滅する。このようにしてよい収穫が得られる。（前掲（7）25頁）

これら2つの文章は，いずれも地中の水を保つための方法である。上の文章は，春の降雨後に耕地の表土を砕いて毛細管現象による水の蒸発を抑える方法を記述し，下の文章は，雪溶け水を地中にしみ込ませる方法を記述している。

なぜ降水後に表土を細かく砕いて地中水分の保持に努める必要があったか。それは，渭河盆地では夏季に蒸発散量が降水量を上回るからである。その内容は第3節で説明することにしたい。

（2）渭河盆地の気候環境

図4は，ケッペンほかによる東アジアの気候区分図である。この図によれば，黄河流域の大半はステップ（BS）気候区に含まれるが，西安は温帯夏雨（Cw）気候であることがわかる。西安を含む横長の領域が，渭河盆地とほぼ一致する。

西安の年平均気温は13.3℃である[8]。夏雨気候区で乾燥地と湿潤地を分ける乾燥限界値は20×（年平均気温＋14）の式で算出するので，13.3℃を代入すると546mmになる。西安の年降水量は580mmで年降水量が乾燥限界値を上回るので，西安は湿潤地に含まれるが，乾燥限界値との差はわずか34mmである。

表1に示すように，西安の最寒月平均気温は1月の－1.0℃で，－3.0℃以上

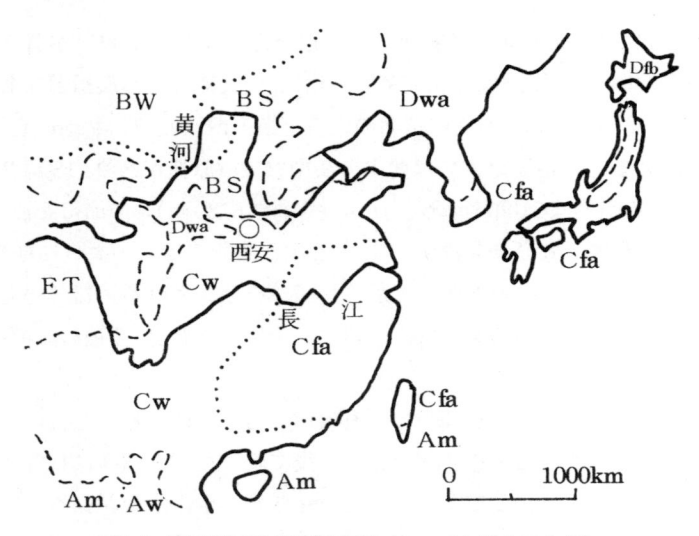

図4 東アジアの気候区分図（ケッペンほかによる）
Am：熱帯モンスーン気候　　Aw：サバナ気候　　BW：砂漠気候
BS：ステップ気候　　Cw：温帯夏雨気候　　Cfa：温帯湿潤気候
Dwa, Dfb：湿潤大陸性気候　　ET：ツンドラ気候

18.0℃未満の枠内にあるので，ここは温帯（C）気候区に含まれる。また，図6左側に示すように，西安の月別降水量は7月の99.4mmが頂点の山型になるので，ここは夏雨(w)気候区である。したがって，渭河盆地は温帯夏雨気候区(Cw)に含まれる。

西安で植物の生育に必要な気温5℃を超えるのは，3～11月の9か月である。植物の中で人間が育てるものを農作物という。月平均気温に降水の季節型を加味すると，渭河盆地では春～秋の間に農作物を育てるのが適切である。

渭河盆地は黄土地域に含まれる。渭河盆地の地表面は，渭河が黄土を二次堆積した褐色ローム層の上に，農耕によって形成された塿土と称される厚さ50～60cmの耕土層で覆われている[9]。図5は塿土の柱状断面図である。塿土は粒子間の孔隙が大きく，通気性はよいが，水と栄養分の保持能力が劣るので，塿土を浸透する水と栄養分は，透水性が小さい褐色ローム層の上に貯留される。そして，降水がない時は，水は毛細管現象で塿土の孔隙を上り，地表面から蒸

表1 ソンスエイト法による西安と名古屋の月別可能蒸発散量と地中水分量

西　　安

月	1	2	3	4	5	6	7	8	9	10	11	12
月平均気温（℃）	-1.0	2.1	8.1	14.1	19.1	25.2	26.6	25.5	19.4	13.7	6.6	0.7
可能蒸発散量 (mm)	0	2.9	22.5	52.0	82.2	125.0	135.6	127.3	84.2	49.8	16.5	0.6
補正可能蒸発散量 A (mm)	0	2.5	23.2	56.7	98.6	150.0	165.4	147.7	86.7	48.3	14.4	0.5
月降水量 B (mm)	7.6	10.6	24.6	52.0	63.2	52.2	99.4	71.7	98.3	62.4	31.3	6.7
B－A (mm)	7.6	8.1	1.4	-4.7	-35.4	-97.8	-66.0	-76.0	11.6	14.1	16.9	6.2
地中水分量 (mm)	56.4	64.5	65.9	61.2	25.8	0	0	0	11.6	25.7	42.6	48.8

西安は北緯34度，熱指数＝64.638，場所の係数＝1.511である。
月平均気温と月降水量は，『中国気候』[8]の巻末に記載されている1951～80年の平均値。

名　古　屋

月	1	2	3	4	5	6	7	8	9	10	11	12
月平均気温（℃）	3.7	4.3	7.6	13.8	18.4	22.0	25.8	27.1	23.1	17.0	11.5	6.2
可能蒸発散量 (mm)	5.2	6.6	17.0	45.7	73.6	99.0	128.9	142.4	107.3	64.5	33.8	12.2
補正可能蒸発散量 A (mm)	4.5	5.6	17.5	49.8	89.1	119.8	158.5	165.2	110.5	62.6	29.0	10.3
月降水量 B (mm)	42.3	63.8	110.2	150.5	157.1	217.9	212.5	145.1	211.0	114.1	70.5	40.0
B－A (mm)	37.8	58.2	92.7	100.7	68.0	98.1	54.0	-20.1	100.5	51.5	41.5	29.7
地中水分量 (mm)	100	100	100	100	100	100	100	79.9	100	100	100	100

名古屋は北緯35度、熱指数＝71.15，場所の係数＝1.62である。
月平均気温と月降水量は『理科年表 平成8年』[12]による。

発する。

第3節　西安の可能蒸発散量と地中水分量

　ケッペンほかの気候区分に従えば，西安がある渭河盆地は温帯夏雨気候区(Cw)に含まれる。農作物は降水がある季節に生育する。図6左側に示すように，西安の月降水量は3月から増えはじめて夏に頂点がある山型をなすので，渭河盆地における農耕適期は春から秋の間である。

　他方，『氾勝之書』は春の播種期の保水を奨励している。これは渭河盆地の月別降水量分布とは矛盾する農法のように思われる。しかし，次に述べるように，月別の降水量と可能蒸発散量との関係を対照すると，『氾勝之書』の農法は渭河盆地の水文環境に適応した合理的な農法であることがわかる。

　ソンスウェイト[10]は，アメリカ合衆国の気候区分をおこなうための4つの

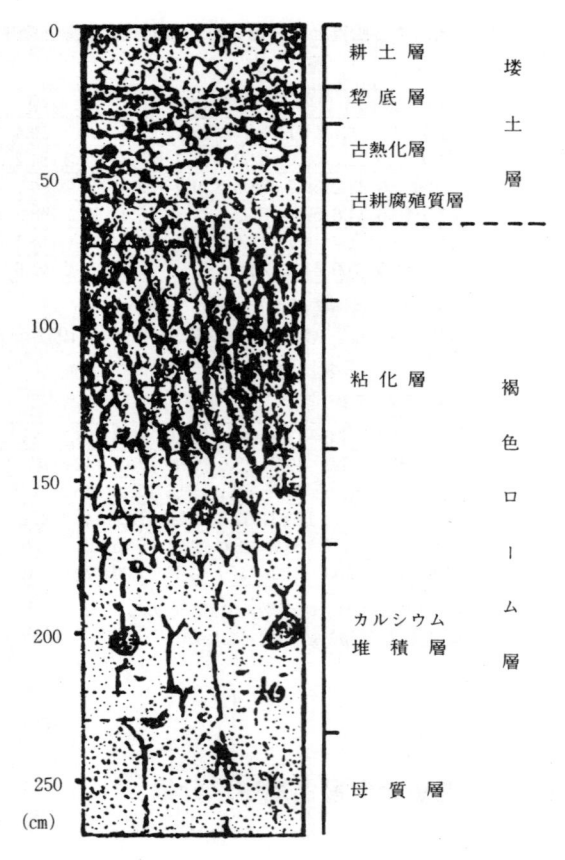

図5 塿土の柱状断面図
『我国的土壌』[9] の 69 頁を転載。
地層名の一部は筆者による翻訳である。

指標のひとつに可能蒸発散量をとりあげ，アメリカ合衆国内4地点で観測された月平均気温と実蒸発散量を対照して，可能蒸発散量を算出する経験式を提示した。可能蒸発散量とは，ある気候のもとで土壌中の水分が飽和状態にあり，かつその気候にもっとも適合する植生が展開している場合の蒸発散量である（前掲（10）56頁）。

　ソンスウェイトの経験式の欠点は，場所が異なれば同じ気温でも蒸発散量が

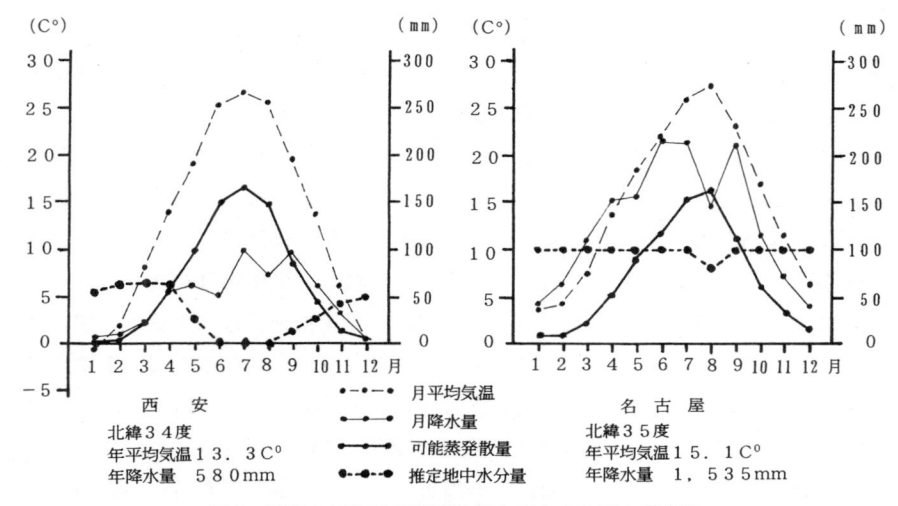

図6 西安と名古屋の蒸発散量と地中水分量の推定値
西安は『中国気候』⁽⁸⁾の巻末付表から作成した。
名古屋は『理科年表 平成8年』⁽¹²⁾198・208頁から作成した。

西安
北緯34度
年平均気温13.3C°
年降水量 580mm

名古屋
北緯35度
年平均気温15.1C°
年降水量 1,535mm

凡例：月平均気温、月降水量、可能蒸発散量、推定地中水分量

異なる理由を説明できないことであるが，観測地点の月平均気温がわかっていれば，そこの可能蒸発散量を推定できる特長がある。ここではソンスウェイトの経験式を使って，渭河盆地に立地する西安の月別可能蒸発散量と月別地中水分量を算出し，地中水分の過不足状況を考察する。

月ごとの降水量と可能蒸発散量[11]との収支は，次の式で算出する。

　　水の収支＝ある月の降水量－ある月の可能蒸発散量

算出された値が正の場合は水が過剰，負の場合は水が不足することを意味する。

次に，降水量が可能蒸発散量を上回る場合，過剰な水は100mmまで土壌中に蓄積されるが，100mmを上回る量の水は地表面を流出すると仮定して，地中水分の量を算出した。

西安における可能蒸発散量に関わる月別数値を，表1の上段に示した。その中の最下行が，地中水分量である。ソンスウェイトの経験式によれば，西安では3月から可能蒸発散量が増えはじめ，5月には地中水分量が大幅に減り，6

月から8月までの夏季には地中水分量が皆無になる。このような地中水分量の動きになるのは，図6左側に示すように，初夏以降の気温上昇に対して降水量がそれほど増えず，蒸発散量が降水量を上回るからである。

『氾勝之書』が著作された時代の渭河盆地でもっとも重要な穀物は粟（あわ）であった。西安では，粟をはじめとする夏作物が生育しはじめる5月に地中水分量が急減し，栄養生長の盛期である6月には地中水分量が皆無になって，この状態が夏作物の開花期の8月まで続くのである。これでは夏作物は育たない。

したがって，西安が立地する渭河盆地では，夏作物を十分に生育・成熟させて一定の収穫量を得るために，降水を土壌中に浸み込ませたうえで，地中に貯め込んだ水分が毛細管現象で地表面まで上昇して蒸発したり，雑草を通じて蒸散するのをできるだけ抑えるための農法が必要である。『氾勝之書』は，この要望に適切に応えうる農法を記述する農書であった。現存する『氾勝之書』が記述するのは春の播種期の保水技術であるが，夏作物が圃場にある間は，降水後に保水のための砕土作業を繰り返さないと一定の収穫量が得られないので，『氾勝之書』には夏季の降水後の砕土作業も記述されていたはずである。

『氾勝之書』の農法の基本は，夏季の保水技術にあった。しかし，日本の『農業全書』の著者は，除草のために中耕すると誤解した。その理由は次節で説明することにしたい。

第4節 『農業全書』の中耕除草農法と日本の気候環境

（1）『農業全書』について

『農業全書』は，宮崎安貞が，九州福岡城下の西に位置する女原村（みょうばる）での40年ほどの営農経験と，山陽道から畿内の旅行で得た見聞に加えて，「農政全書（のうせいぜんしょ）を始（はじ）め　唐（もろこし）の農書を考（かんが）へ　旦本草を窺（うかが）ひ　凡中華の農法の　我国（わがくに）に用ひて益（えき）あるべきをゑらびて」（前掲（1）12巻24頁），1696（元禄9）年までに編纂し，翌年に刊行された農書である。『農業全書』は近世にもっとも頻繁に読まれた農書であり，近世の営農指導者たちは『農業全書』を読んで，自らの営農と近在の農民たちを指導するための参考にした。

しかし、『農業全書』が、それを読んだ人々の営農に役立ったかどうかの判断は難しい。『農業全書』は、中国の『農政全書』の引用、営農技術の先進地での見聞、自らの営農経験のいずれにもとづいているかを記述していないからである。したがって、記述された個々の営農技術が日本の環境に適合する「実」の技術なのか、引用にもとづく「虚」の技術なのかを検討する、繁雑な手順を踏まねばならない。『農業全書』はやっかいな史料である。とりわけ『農業全書』の巻頭にある「農事総論」の記述は、ほぼ『農政全書』の日本語訳であり、第1節で筆者が引用した『農業全書』「農事総論」中の記述は、その例である。

『農業全書』は、農作物が圃場にある夏季の除草に精を出すことを奨励し、そうすれば農作物の収穫量が増えると記述する。そして、除草には多くの手間がかかるので、経営規模はほどほどにせよと記述する。こうして、経営面積1町歩を標準とする家族経営農家が拠って立つ農法上の基盤が確立したのである。しかし、『農業全書』が記述する中耕除草農法は、『氾勝之書』に始まり『農政全書』まで受け継がれた中耕保水農法の誤読であった。

（2）日本の気候環境

ケッペンほかの気候区分によれば、北海道と東日本の山地を除く日本列島は、温帯湿潤（Cfa）気候区に含まれる（図4）。fはきわだった乾季がないことを意味し、aは最暖月の平均気温が22℃以上であることを示すので、日本列島の大半は年中降水があって夏季の温度が高い場所であることがわかる。

『理科年表』[12] によると、東京の年平均気温は15.6℃である（前掲（12）199頁）。湿潤気候区の乾燥限界値は 20×(年平均気温＋7) の式で算出するので、15.6℃を代入すると452mmになる。東京の年降水量は1,405mm（前掲（12）209頁）なので、乾燥限界値との差は953mmとなり、西安の乾燥限界値34mmの28倍ある。また、東京の年降水量1,405mmは西安の年降水量580mmの2.4倍、東京の7月と8月の降水量は274mmで、西安の171mmの1.6倍ある。東京（日本）は西安（渭河盆地）よりも湿潤な気候の場所であることがわかる。

湿潤な日本では、夏作物が旺盛に生育するが、雑草もまた旺盛に生育する。

『農業全書』は「種子を蒔 苗をうへて後 農人のつとめハ 田畠の草をさりて 其根を絶べし」(前掲 (1) 12巻84頁)と記述し，そうする理由を「草ハ主人のごとし もとより其所に有来ものなり 苗ハ客人のごとく わきよりの入人なれバ 大かたの力を用てハ 悉 のぞきさりがたし 其上よき物ハ生立がたく 悪き物の栄へやすきハ 世上よのつねの事なれバ 草のさかへて五穀等を害するハ 甚 速 かなる物なり」(同 12巻85頁)としている。そして，除草作業の精度によって「此ゆへに 上の農人ハ 草のいまだ目に見えざるに中うちし芸り 中の農人ハ見えて後芸る也 みえて後も芸らざるを下の農人とす 是土地の咎人なり」(同12巻85頁)と，農民を3つの類型に分けている。とりわけ，除草作業を怠ける下農は，非難されるべき人々であった。湿潤かつ夏季高温の日本では，農作物を育てながら除草することが農法の基本なのである。

　近世の日本では，関東地方以北の領域はまだ開拓前線で，耕地面積の拡大で生産量を確保する段階であったが，中部地方より西および南の領域は，『農業全書』が奨励する単位面積当り収穫量の向上で生産量を確保する段階に至っていた。ここでは，中部地方より西および南の領域に含まれる名古屋の可能蒸発散量と地中水分量を例にして，日本では除草を目的にする中耕をおこなうことの農法上の根拠を説明する。

(3) 名古屋の可能蒸発散量と地中水分量

　名古屋における可能蒸発散量に関わる月別数値を，表1の下段に示した。その中の最下行が，地中水分量である。ソンスウェイトの経験式によれば，名古屋の夏季の可能蒸発散量は西安とほぼ同じであるが，8月の79.9mmを除けば，地中水分量は100mmすなわち飽和状態が維持される。このような地中水分量の動きになるのは，図6右側に示すように，名古屋では夏季の降水量が西安のほぼ2倍あり，8月以外は降水量が蒸発散量を上回るからである。

　ちなみに，『農業全書』の著者が住んでいた女原に近い福岡では，1年中降水量が蒸発散量を上回るので，地中水分量は1年中飽和状態にある。

（4）環境の違いから生まれた誤解

このように湿潤な気候環境の場所では，夏季には農作物も雑草もともに旺盛に生育する。そして，農作物よりも先に発芽した雑草は，農作物よりも早く生育して，農作物の光合成を妨げる。生育を妨げられた農作物からは，人間が期待する収穫量は得られない。したがって，『農業全書』の著者だけでなく，日本中の農家が夏作物の生育中に何回も除草作業をおこない，一定の収穫量を確保してきたのである。

第1節で記述した『氾勝之書』が奨励する中耕保水農法を，『農業全書』の著者は中耕除草農法であると誤解した。湿潤気候区の日本では，保水のために中耕するなどとは，想いもよらないことであった。しかし，結果だけをみると，除草のために中耕することを奨励した『農業全書』の姿勢は，近世日本の農民に受け入れられ，『農業全書』は農耕技術の聖典としての地位を得たのである。

第5節　所変われば品変わる

植物は降水がある季節に生育する。植物の中で人間が育てるものを農作物という。したがって，農作物は降水がある季節に生育し，その時期の末期に子孫を残して枯れるか休眠する。降水がある季節に農作物を育てるのが農法の基本である。

中国華北の西安近郊に住んだ人が著作した『氾勝之書』が奨励したのは，夏作物の生育に必要な量の水分を地中に保っておくために，春から夏まで降雨後に耕地の表土を細かく砕く中耕保水農法であった。他方，夏季に十分な地中水分があって雑草が生えるので，雑草を取り除かないと農作物の生育が妨げられる日本では，除草のための中耕作業が不可欠である。その日本に住む『農業全書』の著者は，『氾勝之書』は除草のために中耕を奨励したと誤解し，除草作業を徹底しておこなうことを奨励する文章を記述した。幸運なことに，中耕除草を丹念におこなえば農作物の収穫量は増えたので，結果だけをみると，『農業全書』が奨励する除草作業は効果があった。

東アジアには，気候環境に適応する2つの中耕農法が並存してきた。これが

この章の結論である。誤解が好ましい結果を生んだ「けがの功名」なのだが，地域が固有に持つ性格を明らかにする作業をおこなっている筆者からみると，「所変われば品変わる」を示す例のひとつである。

　目的が異なる2種類の中耕農法があることについてはすでに飯沼二郎など多くの先学が指摘しているが，この章ではそれらの農法が生み出された理由を，中国華北と日本における夏季の可能蒸発散量の相違で説明した。

　ちなみに，この章で記述した中耕農法は，ユーラシア大陸の東半分でおこなわれてきた農法である。他方，ユーラシア大陸の西半分では，保水のために農作物を作付しない年を挟む休閑農法がおこなわれてきた。中耕農法よりも耕地を粗放的に使う休閑農法では，耕地の単位面積当り作物生産量が少ないので，農家1戸当りの経営規模を大きくしないと生活できない。欧米の農家の経営規模が大きいのは，休閑農法の系譜をひくからである。これも「所変われば品変わる」の例なのだが，その内容については別稿[13]をご覧いただきたい。

注
(1) 宮崎安貞（1697）『農業全書』．（山田龍雄ほか翻刻，1978，『日本農書全集』12，農山漁村文化協会，3-392頁，同13，3-379頁）．
(2) 飯沼二郎（1975）『日本農業の再発見－歴史と風土から－』日本放送出版協会，248頁．
(3) 徐光啓（1638）『農政全書』．（石声漢校注，1979，上海書籍出版社，1866頁）．
(4) 石声漢（1979）『両漢農書選読』農業出版社，50頁．
(5) 賈思勰（530頃）『斉民要術』．（繆啓愉校釈，1982，農業出版社，870頁）．筆者は他に4種類の翻刻本を見ている．
(6) 石声漢（1980）『中国古代農書評介』農業出版社，84頁．（渡部武訳『中国農書が語る2100年』，1984，思索社，199頁）．
(7) 氾勝之（紀元前1世紀後半）『氾勝之書』．（岡島秀夫・志田容子訳，1986，農山漁村文化協会，113頁）．
(8) 張家誠・林之光（1985）『中国気候』上海科学技術出版社，603頁．
(9) 張俊民・蔡風歧・何同康（1984）『我国的土壌』商務印書館，67-70頁．
(10) Thornthwaite, C.W. 1948. An Approach toward a Rational Classification of Climate. *Geographical Review* 38-1, 55-94.
(11) ある月の可能蒸発散量（cm）は，$1.6 \times (10 \times$ある月の平均気温／熱指数$)^{場所の係数}$　式で算出する．
　　熱指数は月ごとの熱指数（ある月の平均気温／5）$^{1.514}$の1年間の合計値である．
　　場所の係数は，$0.000000675 \times$熱指数$^3 + 0.0000771 \times$熱指数$^2 + 0.1792 \times$熱指数$+ 0.49239$

式で算出する.
(12) 国立天文台編（1995）『理科年表 平成 8 年』丸善，1043 頁.
(13) 有薗正一郎（2007）『近世庶民の日常食』海青社，189-197 頁.

第3章　農書『農業時の栞』の耕作技術の地域性

第1節　地域に根ざした農書『農業時の栞』

『農業時の栞』[1]は，三河国宝飯郡赤坂村の細井孫左衛門宜麻が，1785（天明5）年までに著作した農書である。

細井孫左衛門は東海道赤坂宿の旅宿「紅葉屋」の亭主であった。1681（天和1）年の『赤坂宿家並図』と1733（享保18）年の『野田甚五兵衛代官宿改図』によると，「孫左衛門　かうはふや」は赤坂宿本陣長崎屋の2軒西隣に位置していた[2]。また，1770（明和7）年の『赤坂宿宗門人別改帳』によると，孫左衛門家には家族5人のほか，使用人が7人，馬が1匹いた（前掲（2）335頁）。

細井孫左衛門は長年にわたって宿場の背後の耕地で農作物の試験栽培をおこない，また土地の老農から耕作技術を学んでいる。『農業時の栞』の自序には「我レ農事に心を遊ばしむる事　年久し　或は朝にハ田野に奔走して培ふ客と共にして其農凶を試　或は夕にハ村落に逍遥して　老農に交て其精術を問て　然して後に手ずから自ら粗此事をなしぬ」（前掲（1）37頁）と記述されている。とりわけ「木綿を植るの業ハ　手応もするかと思われ畢」（同37頁）と述べているように，木綿の耕作法には自信を持っていた。そして，自序に「愚老が此書を目に触ん稚き人々にも　且ハ心の嗜る引導の端にもなれがしと……こゝやかしこと書つゝくる」（同38-39頁），本文中に「此国此土地に相応したる作り方を物語するのミ也」（同137頁）と述べているように，栽培実験で修得した技術を三河国平坦部の人々の間に普及させるために，細井孫左衛門は『農業時の栞』を著作したのである。

筆者は近世農書の耕作技術を指標にして，それが著作された地域の性格を明

らかにする作業を，ここ30年来おこなってきた。筆者が研究の対象にしてきた農書は，次の4つの条件を充足する「地域に根ざした農書」に限られる[3]。すなわち，著者は長年の営農経験があること，言及する地域の範囲が明らかなこと，その地域への技術普及を目的にするかそれが可能なこと，農作物の耕作法を記述していること，の4つである。

『農業時の栞』はこれら4つの条件をすべて充足していることが，先に引用した文章からおわかりいただけるであろう。『農業時の栞』は，三河国平坦部における近世後半の耕作技術を明らかにしうる，「地域に根ざした農書」である。

本章では，まず『農業時の栞』の底本と著者について記述した後，次の3つの視点から『農業時の栞』を考察した結果を記述する。

第一の視点は，『農業時の栞』の著作目的を明らかにすることである。『農業時の栞』が著作された天明年間は，浅間山の爆発に端を発する天候不順によって，農業生産力が低下した時期であった。『農業時の栞』には，年ごとの天候にあまり影響されずに，一定の収穫量を確保する耕作法が記述されている。この2つのことを因果関係と見なして，『農業時の栞』の著作目的を考えてみたい。また，書物は読まれないと意味がない。『農業時の栞』の著者は，読者を引き込んで自ら修得した技術を読者に理解させるために2つの工夫をしている。そのことについても記述したい。

第二の視点は，『農業時の栞』の耕作技術の地域性を明らかにすることである。『農業時の栞』には26種類の農作物[4]の耕作法が記述されているが，その中では木綿(わた)の耕作技術に関する記述量がもっとも多い。近世の三河国は木綿の主産地であったが，肥効が低い自給肥料中心の技術段階であったために木綿の単位面積当り収穫量は多くなかったし，その状況は近代に入っても変わらない（前掲 (3) 153-155頁）。そこで，まず『農業時の栞』の記述の中から，購入肥料である干鰯(ほしか)の施用法と施用量を考察する。次に，『農業時の栞』の木綿作の部分作業の時期と方法を宮崎安貞の『農業全書(のうぎょうぜんしょ)』[5]と比較して，その特徴を地域性として説明する。

第三の視点は，『農業時の栞』の技術が後の三河国の農書に受け継がれたかどうかを明らかにすることである。三河国では『農業時の栞』が著作されてか

ら20年後に、『農業日用集』(6)と呼ばれる農事記録に近い農書が『農業時の栞』の木綿作技術の要点を記述している。そこで、『農業日用集』の木綿作技術は『農業時の栞』のどこを継承しているかを考察することによって、この課題の一端を明らかにしてみたい。

第2節　諸本と著者と赤坂宿

　農書『農業時の栞』は二巻本で、第一巻の序と自序に天明五乙巳年、第二巻の跋に天明丁未年の記載がある。また、第一巻の序に紅葉屋某、自序に紅葉亭、第二巻の跋に「細井宜麻字子蓬三州赤坂駅亭長紅葉屋孫左衛門云」（前掲　(1) 196頁）と記述されている。したがって『農業時の栞』は、東海道赤坂宿の旅宿の亭主であった細井孫左衛門宜麻によって、1785（天明5）年までに著作されたと考えられる。

　『国書総目録』の『農業時の栞』欄には、2冊1組の写本が国立国会図書館に所蔵されているとある。また、かつては下郷文庫と彰考館も所蔵していたが、戦災により焼失したと記載されている。

　国会図書館本は縦22.5cm、横16cmの和綴竪帳で、1冊目の表紙には『農業時の栞　乾』、2冊目の表紙には『農業時の栞　坤』と書かれた竪紙が貼ってある。乾巻は82丁、坤巻は80丁ある。そして、この2冊を1冊に綴じて、帝国図書館の文字入りの表紙に『農業時の栞　全』の竪紙が貼ってある。筆跡からみて、国会図書館本は全文が同一人物によって書かれており、また乾巻1丁裏に名古屋の貸本屋「大惣」の印が押されていることから、営利目的で書写された写本であると思われる。同じ箇所に「明治三二・五・一九・購求」と「帝国図書館蔵」の捺印がある。

　『国書総目録』には記載されていないが、愛知県新城市立図書館の蔵書の中にも二巻本の『農業時の栞』がある。これは愛知県南設楽郡東郷村で医者をしていた牧野文斎が、20世紀初頭前後に集めた約13,000冊の蔵書のひとつである。1937（昭和12）年に二代目牧野文斎はこれらの蔵書を新城町に寄贈し、現在は新城市図書館に「牧野文庫」の名で収蔵されている。

牧野文庫の『農業時の栞』は縦 23cm，横 16cm の和綴竪帳で，1 冊目の表紙には『農業時之栞　天』，2 冊目の表紙には『農業時之栞　地』と書かれた竪紙が貼ってある。牧野文庫本は全文が同一人物によって書かれているので，これも写本である。紙があまり変色していないことからみて，牧野文庫本の方が新しい時期に写されたように思われる。しかし，牧野文庫本には虫喰いによって字が読めない部分が数箇所ある。

　国会図書館本と牧野文庫本の記述内容を対照すると，国会図書館本にない文章が牧野文庫本に 2 丁ほどあり，また牧野文庫本に欠落した文章が 1 箇所あるほかは，全く同じ内容である。ここでは，より古い時期に筆写されたと思われ，かつ虫喰いがほとんどない国会図書館本を使って考察をおこなう。

　『農業時の栞』の著者である細井宜麻の人物像は，ほとんどわからない。『農業時の栞』の記述からわかるのは，著者は東海道赤坂宿の旅宿の亭主であったこと，尾張徳川家の農政官吏で藩の農政改革や 1784（天明 4）年の飢饉の救恤に功績のあった人見弥右衛門（1729-97）[7]が坤巻に跋文を寄せているので，尾張徳川家の農政担当者と関わりを持っていたと思われること，判明しているだけでも 26 種類の和・漢・仏書を引用しておりかなりの読書人であったと思われること，農作物の栽培実験をおこない，また酒造の工程を正確に記述しているので，実践家でもあったと思われることぐらいである。

　紅葉屋細井家の菩提寺は，三河国額田郡桑谷村の浄土真宗本願寺派長善寺である。細井宜麻の名は『農業時の栞』には孫左衛門と記述されているが，長善寺の過去帳では孫右衛門になっている。過去帳によると，『農業時の栞』の著作が終わっていた 1785（天明 5）年当時の孫右衛門の家族は，孫右衛門と 2 人の娘から構成されており，孫右衛門の妻は 1773（安永 2）年にすでに死亡していた。

　長善寺の過去帳には孫右衛門について，1788（天明 8）年「十二月廿七日吉田新銭町ニテ孫右衛門　是ハ赤坂細井孫右衛門　新銭町長兵衛借家ニテ死ス」と記載されている。1770（明和 7）年『赤坂宿宗門人別改帳』に記載された孫左衛門の年齢から換算すると，67 歳で死亡したことになる。細井宜麻は三河国吉田（現在の愛知県豊橋市）の借家で，『農業時の栞』を著作してから 3 年後に死亡しているのである。また，孫右衛門の死亡後も生きていたと思わ

れる2人の娘の死亡年が，長善寺の過去帳には記載されていない。

　これらのことから，細井宜麻は『農業時の栞』の著作後に，何かの理由で赤坂から吉田へ転出したのではないかと思われる。しかし，細井宜麻について，これ以上のことはわからない。

　『農業時の栞』は，三河国の東部に位置する鳳来寺に参詣する道中の百姓たちが，農耕技術に造詣が深い同行の老人と道々耕作問答する様子を，西から下ってきたある旅人が書き留める場面設定で記述されている。道中の問答という場面設定は，『農業時の栞』の著者が旅宿の亭主であるからこそ作れる構図であろう。

　図7に示すように，鳳来寺に向かう参詣道は，御油宿の東端で東海道と分か

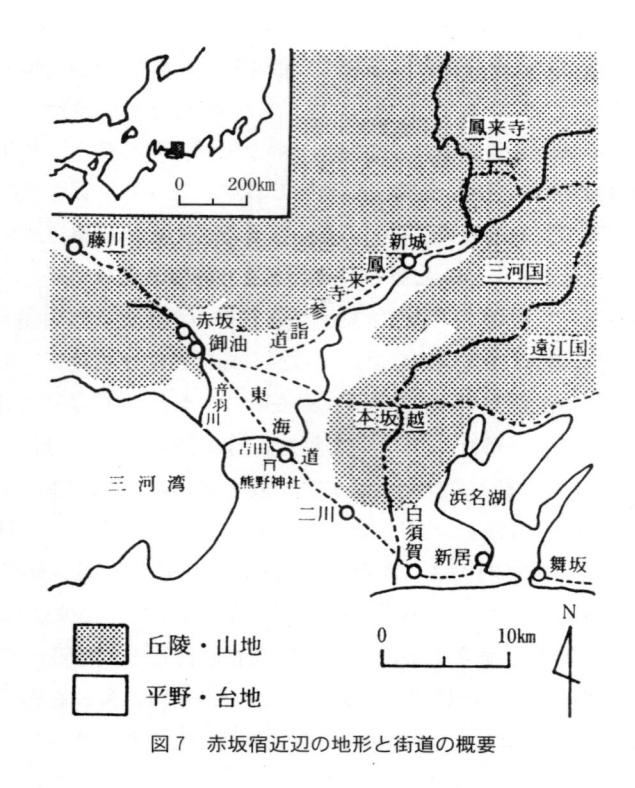

図7　赤坂宿近辺の地形と街道の概要

れる本坂越(ほんざかごえ)に入り，さらに一里ほど進んだ所で本坂越から外れて豊川の右岸を遡り，新城の陣屋町を経て，寒狭川(かんさがわ)の谷を上り，鳳来寺の門前町の門谷(かどや)にいたる道であった。赤坂宿から門谷までは，およそ10里の行程である。寺社詣のために東海道を西から東へ旅する人の多くは，鳳来寺に参詣した後，山中を東へ向かって遠江国の秋葉山に参詣してから，掛川宿（現在の静岡県掛川市）で東海道に戻っていた。赤坂宿は，このような東海道を外れたり戻ったりしながらゆっくり寺社詣をする旅人も，東海道を急ぐ旅人も，ともに宿泊したり休憩する場所であった（図8）。

道連れの百姓たちに耕作法を説く老人は「我等(われら)手にかけ 色々(いろ)ためし作り覚へたる分ン 計(はかり)の得失(とくしつ)を物語(ものがたり)するのミ也」（前掲（1）186頁）と述べている。この老人は細井宜麻自身であろうから，赤坂宿の背後の耕地でさまざまな作物を試作して会得した技術の中から，三河国平坦部の人々に普及させたい部分を拾い出して，『農業時の栞』に記述したと思われる。

図10は，1884（明治17）年調宝飯郡赤坂村『地籍字分全図(ちせきあざわけぜんず)』から作成した，赤坂宿近辺の土地利用図である。赤坂宿は北西に向かう狭い縦谷の入口に位置している。そして細長い街村集落は，音羽川が谷口に形成した幅広い微高地の

図8　赤坂宿の町並み（1994年11月，筆者撮影）

38　第1部　環境に適応する農耕技術

図9　赤坂宿の背後の畑（1994年11月，筆者撮影）

1/50,000地形図「御油」
（明治23年測図）から作成
鎖線内が右図の範囲

[[[[]]]	赤坂宿
A	赤坂宿本陣
B	紅葉屋
‖	水　田
∨	畑
山	荒れ地
∧	山　林

明治17年宝飯郡赤坂村『地籍字分全図』
（愛知県公文書館蔵）から作成

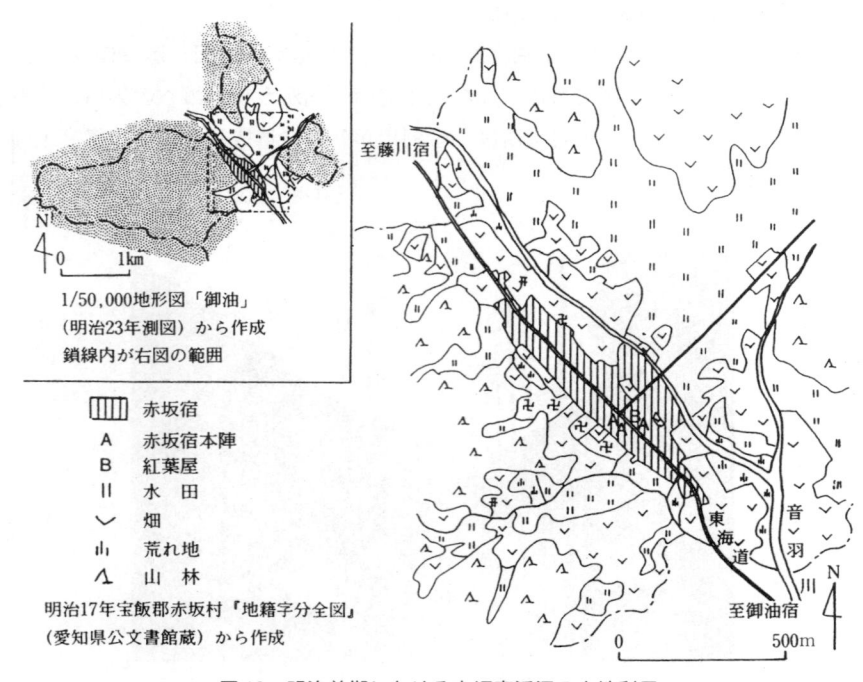

図10　明治前期における赤坂宿近辺の土地利用

上に立地している。また，この砂質の微高地は集落の周辺まで広がっており，ここが畑として使われていた。1884（明治17）年から100年前の天明年間（1781～89年）も，このような土地利用配置をしていたと思われる。細井宜麻が栽培実験をする場所は，十分確保されていたのである。現在でも，東海道に沿って並ぶ屋敷群の背後に菜園程度の畑が散見される（図9）。

第3節　著作目的と読者を引き込むための工夫

（1）著作目的

『農業時の栞』の著作目的は，天候が不順な年でも一定の収穫量が得られる耕作技術を三河国平坦部の人々に普及させることにあった。

現行暦の1783（天明3）年6月25日に噴火を始めた浅間山は，大量の粉塵を大気中に浮遊させた。そのために太陽光線が地表面に届きにくい状態が，長期間にわたって続く。そして，そのことが大きな因子になったと考えられる風水害がこの年に頻発し，中部地方から畿内にかけて凶作による飢饉になった。翌年も天候不順が続いて，東山道と畿内を中心に2年続きの飢饉になった。次の2年間の作況は回復したが，1787（天明7）年には日本全体が天候不順による凶作になり，飢餓状態に陥った。天明年間の飢饉である。

『農業時の栞』は，天明の飢饉の狭間の1785（天明5）年に著されている。この時期は三河国平坦部でも天候が不順であったことが，『農業時の栞』の記述からうかがえる。『農業時の栞』には耕作の過程における「旱・湿・風・虫・病」のさまざまな災害とその対策が記述されているが，その中でももっとも記述量が多い災害は「そぶ」，すなわち日照時間が足りず湿気が高い時に発生する菌糸病である。当時，三河国平坦部では雨や曇の日が多く，農作物にさまざまな生育障害が起こって満足な収穫量が得られない状態が続いていたと思われる。

そこで，天候の良否にあまり影響されない耕作技術を普及させるための指導書が必要になってくる。『農業時の栞』は，このような世相の中で著された農書である。

まず『農業時の栞』は，不作の理由を不順な天候に転嫁しないように説く。

凶年の節ハ格別　我仕方あしくて実ざる時ハ　年柄に難をかこつけ　土地にとがをゆつり　あしくいふ人多し　勿体なき事也（前掲（1）64頁）
　災難外より来りたる様に思ふ心底　浅間敷事にあらずや（同65頁）

　そして，毎年一定量の収穫を着実に得る耕作技術を実践することを奨励している。

　何れ茂ハ綿を余慶とらんと思召心にりきみのある故にとれぬ也　年々多からず少なからぬ様に作給へ（前掲（1）40頁）
　危き海上商をせんよりも　年々替すとれる様に作度もの也（同61頁）
　惣而人々ハ　作りを余慶とらん事計を思ひ　難のあらん事ハ知給わす（同62頁）
　仮令少々ハ難年成共　農人巧者なれバ　難にあわざる様の工夫をして作れハ　十ヲ以算れハ　六七分ハまぬかるへし（同64頁）

　このように多収穫の過欲を捨て，天候の良否に関係なく一定量の収穫を得るためにはどうすればよいか。『農業時の栞』は次のように記述している。

　別而百姓ハ時節を待が第一也（前掲（1）118頁）

　そして適切な時節が到来したら，「此国此土地に相応したる作り方」（前掲（1）137頁）すなわち三河国平坦部の自然環境と技術水準に適合する耕作法を修得すれば，おのずと一定量の収穫を毎年得ることができるというのである。

　それでは，「此国此土地に相応したる作り方」とはどのようなものか。他地域の耕作法と比較することによって，それが明らかになる。『農業時の栞』の著者が比較の対象として選んだのが『農業全書』であった。その理由は次項で記述することにしたい。

（2）読者を引き込むための工夫

　近世においては，新たな耕作技術は口伝か文字を媒体にして拡散した。農書は文字による媒体のひとつであるから，その技術をより広めるためには多くの人に読んでもらうための工夫が必要である。

　『農業時の栞』は，読者を引き込んで自ら修得した技術を理解させ，三河国

平坦部の人々にその技術を普及させることを意図して書かれた農書である。そのために，『農業時の栞』は2つの工夫をしている。

ひとつは，当時流布していた農書『農業全書』と対比して，『農業時の栞』の耕作技術が三河国平坦部の地域性に適合することを読者に理解させようとした工夫である。著者の意図は，次の文章から汲み取ることができる。

> 往昔　宮崎子貝原子の全書ありて（農耕技術の）事委し　されども猶其くハしきをも世にしらしめん為に　愚老が浅智を尽して　及ずなからも彼や是やと学び得たる農事を略記し侍る也（前掲（1）38頁）

他方，老人と耕作問答をする百姓たちは，次のように『農業全書』の記述を無批判に信用して，木綿をはじめとする農作物の耕作に適用していた。

> 農業全書ハ筑前国宮崎氏の編集也　殊に日本に名の聞へたる　博学多才の貝原先生の序跋也　日本広しといへ共　此書を用ぬ国なし　其書を破する様成申方　我も此書を信仰する事久し　老人の物語片腹いたし（前掲（1）137頁）

そこで老人は『農業全書』が優れた農書であることを認めたうえで，三河国平坦部には適用できない部分を指摘して，地域の自然環境と技術水準に適合する耕作法を述べることになる。

> 彼書（『農業全書』）を我も能見たり　農書に於てハ世界に比類なき書也　去なから国土地により応とあわさる事有り　彼書を悪敷といふにハあらねとも　此国此土地に相応したる作り方を物語するのミ也（前掲（1）137頁）

『農業時の栞』には，『農業全書』の耕作技術に関する百姓たちと老人との問答が21か所ある。その多くは『農業全書』の記述の是非を百姓たちが老人に尋ねる設定になっており，そのたびに老人は三河国平坦部の自然環境と技術水準に適合する耕作法を述べている。

問答の対象になる農作物の中で，もっとも話題になる回数が多いのが木綿であった。詳細は次の節で述べるが，木綿の播種から株が生長しきった時におこなう上芽摘みまでの部分作業それぞれについて，老人は『農業全書』の技術を批判し，「此国此土地」に適合する方法を述べている。その要点は，三河国平坦部の自然環境と技術水準のもとで精労細作した努力に見合う程度の，結果的

には多くもなく少なくもない収穫量を確保することであった。

　三河国平坦部の技術水準では,『農業全書』の耕作法で多くの収穫量が得られるのは天候に恵まれた年だけであり, 天候不順年にはほとんど収穫がなかった。技術ではなく, 天候が木綿の生育の鍵を握るからである。それに対して, 三河国平坦部の自然環境と技術水準に合わせて耕作すれば, 年ごとの天候の良否に収穫量が影響される度合は小さい。

　『農業時の栞』の著者は, 当時流布していた農書『農業全書』の技術と比べることで多くの読者を引き込み, 自ら修得した技術を三河国平坦部の人々に普及させようとしたのである。

　もうひとつは, 読者に親しみを持たせる工夫であり, その内容は2つある。

　第一は, 漢字に読み仮名を付けていることである。読み仮名が付いておれば, 仮名しかわからない人でも読めることに加えて, 漢字の意味が限定されて論旨がわかりやすくなるので, 読者は読みやすいであろう。

　第二は, 多くの人々の関心を引くために, 和漢の文献と仏教の経典のことばを多く引用していることである。出典が明らかになっているものだけでも, 和書が5種類[8], 中国書が15種類[9], 仏教の経典が6種類[10]引用されている。うち『農業全書』は23回,『論語』は6回,『荘子』は2回引用されている。それらのほとんどが, 老人の耕作技術の妥当さを説明するためのたとえ話として使われている。『農業時の栞』は農書としてではなく, 教訓書や小話集として読んでも楽しめる内容を持っている。

　その1例をあげると, 乾巻の中頃から坤巻の初めまで, 全記述量のほぼ3分の1を費して, 鳳来寺参りの百姓たちが休憩をとる茶屋に偶然居合わせた医者たちが, 仏は鼠が嫌いで猫が好きである話, 大黒天の姿の話, 京都東福寺の涅槃絵像の由来の話, 天文観測にもとづく作暦法の話などを, 百姓たちに延々と説教する場面がある。つまるところは「老人の物語も……毎年かはらす諸作を取るゝといふが 是亦（これまた）（確かなことの）証拠（しゃうこ）ならん歟」（前掲（1）83頁）, すなわち老人が語る耕作技術の妥当さを援護するための前置き話なのであるが, 話題を次々に変えて説教するので, 小話集として読んでも退屈しない。

　以上述べたように,『農業時の栞』の著者は, できるだけ多くの人が読む気

を起こすための工夫をしている。

第4節　耕作技術の地域性

ここでは『農業時の栞』で老人がいうところの「此国此土地」，すなわち三河国平坦部の耕作技術がどのような特徴を持っていたかについて述べてみたい。

それはひとことでいえば，自給肥料を生産力維持の基礎に置く，元肥(もとごえ)重点方式の労働集約的な技術であった。その技術水準は，当時の先進地であった畿内から瀬戸内海沿岸地域にはとても及ばないが，当時の開拓前線であった関東地方以北よりは高く，両者の中間に位置する中進地の水準にあった。

以下，干鰯施用の方法と量，木綿作の部分作業の時期と方法を指標にして，『農業時の栞』の耕作技術の地域性を説明する。

（1）干鰯施用の方法と量

干鰯は，近世に入ってから，単位面積当り収穫量を増やす技術の普及とイワシ類の漁獲技術および組織の形成，水陸の物資輸送体系の確立に伴って，広く使われ始めた購入肥料である。干鰯の長所は，施用前の調製をほとんどおこなわなくてもよいこと，施用後短期間に効果が発現することである。すなわち干鰯は，資金さえあれば手間をかけずに施用でき，施用量に見合う収穫量を期待できる肥料であった。

木綿作の肥料には干鰯が多く使われた。木綿の場合，収穫物のほとんどが商品になり，また綿織物になるまでの加工過程でも付加価値がついて，干鰯の購入で投下した資金を短期間で回収できたからである。

1697（元禄10）年に刊行された『農業全書』には，木綿の芽が生え揃った時に，棒を使って間隔4〜5寸，深さ4〜5寸の穴をあけ，その中に干鰯か油糟を入れる「棒糞」（前掲(5) 13巻 13-14頁）と称する施肥法が記述されている。干鰯は，大きいもの以外は，切り分けずにそのまま施用する。

1833（天保4）年に刊行された大蔵永常の『綿圃要務(めんぽようむ)』[11]も，『農業全書』の

干鰯施用法を踏襲したうえで，より細かな施用手順を記述している。

　1785（天明 5）年に著された『農業時の栞』は，『農業全書』と『綿圃要務』の刊行年の間に位置している。また『農業全書』と『綿圃要務』は農業先進地の農書であり，そこの先端技術を記述している。これに対して『農業時の栞』は，中進地で書かれた農書である。しかも三河国平坦部の先端技術ではなく，毎年一定の収穫量を確保するための耕作技術を記述している。

　『農業時の栞』は，干鰯を「出しこゑ」に調製して，木綿に施用することを奨励している。「出しこゑ」とは「ほしかと下糞と一緒に水に入レくさらしたる」（前掲（1）184 頁）液状の肥料のことであり，その語意を『農業時の栞』は次のように説明している。

　　鰹節や椎茸干瓢等を出しにする心にて　煮汁を旨くする心也　出しからハつかハぬなり　出しこゑも其心にて　ほしかにて水を腐し　其水をかける故に出しこゑと号たり（前掲（1）184-185 頁）

すなわち干鰯と下肥を水に漬けて，液状になった部分を木綿に施用する肥料である。

　木綿への「出しこゑ」は，元肥と追肥に 1 回ずつ施用している。深い壌土の畑ならば「灰又ハ小便干鰯を根ごゑ（元肥のこと）計りにして作れバ　ゑミ口宜敷もの也　若　糞不足と思ハゝ　半夏じぶんに干鰯の出しこゑ一へんハよろし」（前掲（1）49 頁），浅い赤土の畑ならば「根糞にハ　下糞に干鰯を出しこゑにて蒔付るがよし……上糞（追肥のこと）にハ　半夏時分に干鰯の出しこゑ一へんハ宜敷也」（同 49 頁）といった要領である。

　肥料の施用回数をみると，『農業全書』と『綿圃要務』では元肥のほかに追肥を少なくとも 3 回以上施用しているのに対して，『農業時の栞』では追肥は 1 回で済ますか，生育状況によっては施用しない場合もあったことが，上記の引用文でわかる。三河国平坦部では，商品作物の木綿でさえ，元肥重点の施肥法がおこなわれていたのである。

　それでは，木綿に施用する種々の肥料の中で，干鰯はどのような位置を占めていたのであろうか。それは，『農業時の栞』の記述から推察するに，その施用量は多くなく，かつ何種類かの肥料のひとつとしての地位にとどまっていた

ように思われる。『農業時の栞』が干鰯の役割について，次のように記述しているからである。

　　ほしかに作りを生立る能ハ薄し　雑糞を引立　雑糞に生立させる能と　やまひを退ける能と有（前掲（1）171頁）

　すなわち，他の肥料の効果をより高めるために，干鰯を混ぜて施用するというのである。また，「出しこゑ」は干鰯を水に漬けて薄めた肥料なので，少量の干鰯を一定の広さの木綿畑に万遍なく施用する方法なのであろう。他の肥料の肥効を高めるために干鰯を使う方法では，干鰯自体の施用量は少なかったと考えるほかない。

（2）木綿作を通してみる『農業時の栞』

　『農業時の栞』は，15人ほどの百姓と農耕の技術に造詣が深い老人との耕作問答の形で話題が展開していく形式をとっている。これらの登場人物は営農経験を積んでいる上に，『農業全書』をかなり読み込んでいることが，問答の内容からわかる。したがって，個々の農作物の耕作法は，それぞれが熟知しており，その上に立って問答が交わされているので，『農業時の栞』は，いわば三河国平坦部の耕作技術に関する応用問題の農書といえる。そのために農作物の耕作暦など，地域性を考察するための基礎的な情報が『農業時の栞』には欠落している。

　木綿作についても同様で，図11に示す程度にしか耕作暦を作成することが

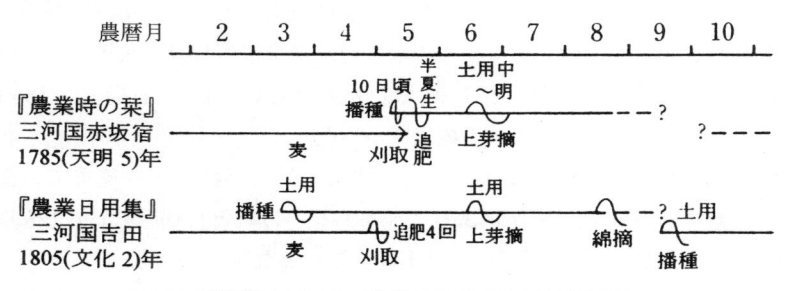

図11　『農業時の栞』と『農業日用集』の木綿耕作暦

できない．したがって，耕作暦を指標にして他地域との比較をおこない，木綿作の地域性を考察することはできない．そこで『農業時の栞』が記述する木綿作の部分技術をいくつか拾って，その地域性を考察してみたい．

『農業時の栞』乾坤二巻 162丁のうち，3分の1は木綿作に関する記述である．百姓たちに耕作経験を説いて聴かせる老人は，木綿の耕作技術を細かく説く理由を，次の2つの視点から述べている．

ひとつは，木綿は商品作物であるという視点であり，全国どこでも当てはまる理由である．

　　作方のうちに綿ほと六ケ敷キ作りハなし　又綿程金倍のあかる徳用の多き
　　作りハなき也　故にむつかしき也　万ン事得失ハはなれざるものなれハ
　　心懸て作度もの也（前掲（1）113-114頁）

もうひとつは，木綿は新来の農作物であるという視点であり，三河国の地理的位置に由来する理由である．

　　（木綿）種の唐土より渡りたるハ弐百年以来の事也　此国此辺にて少々宛
　　も作り始めしハ　漸々百年少し余の事なれハ　作り覚たる農人稀なり
　　毎年に不易に取こそ作り覚へたるといふへきに　年々かじげかちなるハ
　　是作り覚へさる証拠也　故に綿の作り方をハくり返しくり返し色々の
　　引言をし　たとへを以て物語する也　外の諸作ハ人々大方作り覚へたる
　　故に咄すに及す（前掲（1）185-186頁）

すなわち，木綿作が日本に渡来したのが200年前，三河国で栽培を始めたのが100年あまり前であり，まだ毎年一定の収穫量が得られるほどには耕作法が確立していないので，さまざまなたとえ話を交じえつつ，木綿の耕作法を説いて聴かせるというのである．この老人の談議の情報源は「我等手にかけ色々ためし作り覚へたる分ン計の得失を物語するのミ也」（前掲（1）186頁）とあるように，自らの栽培実験の成果であった．

『農業時の栞』は，『農業全書』が記述する木綿の播種から収穫までの部分技術と比較する方式で，「国所によりて能事も有へけれと」（前掲（1）128頁），「国所によるへし」（同130頁），「国土地にて違ふなり」（同131頁）という言葉を挿入しつつ，三河国平坦部の自然環境と技術水準に適合する木綿作の技術

を述べている。

　『農業時の栞』が記述する木綿作の部分作業の時期と要領を『農業全書』と比較するために，表2を作成した。これらを整理して『農業時の栞』が説く木綿作技術の特徴を一言で述べるとすれば，株間を『農業全書』の半分程度に狭めて密植し，『農業全書』ほどには金と手間をかけずに，細く背の高い株に小さな実をたくさんつけさせて，株数と1株当りの実の数で一定の収穫量を確保する方式であった。

　先に述べたように，肥料の施用回数は『農業全書』より少なく，干鰯の施用

表2　『農業時の栞』が奨励する木綿作の部分作業の日どりと方法（『農業全書』との比較）

翻刻本のページ	部分作業の項目	『農業時の栞』が引用する『農業全書』の日どりと方法	『農業時の栞』が奨励する日どりと方法	両者を比較した場合の『農業時の栞』の特徴
110	播種期	（八十八夜過ぎがもっともよい）	農暦5月10日頃	40日ほど遅い
128	浸種の方法	種を水に漬けてから灰と混ぜ合わせ，地面にもりあげて，桶か筵で上を覆い，発芽しそうになったら播く	水に種と灰を入れてかきまわし，その日のうちに播く	催芽しないで播く
127	間作する麦の畝の幅	幅を広くして，麦の条間をなるべくあける	畝幅を広くするのはよくない	畝幅は狭い
127	株の間隔	5～6寸に1本	5～6寸に2～3本	2～3倍の密植
129	不良苗の間引	1回目と2回目の中耕時におこなう	『農業全書』のとおりでよい。ただし良い種子を選べば，間引きする手間はいらない	よい種子を選べば，間引の手間はいらない
130	苗の移植	密に生えたところは，竹のヘラを使って土をつけたまま移植する	移植した株には実がつかない	おこなわない
130	中耕	5～6回おこなう	蕾がつく時期以降の中耕はしない	回数が少ない
48～49	追肥の回数	（3回以上おこなう）	1回　生育がよければおこなわない	回数が少ない

（　）は『農業時の栞』に直接引用されていない『農業全書』の記述である。

量も少なく，また生育途中の管理は『農業全書』より粗放的であるから，人間の努力よりも木綿の生育力のほうに依存する技術であったと考えられる。そして木綿作に限らず，これが近世後半の三河国平坦部における耕作技術の水準でもある。

第5節　三河国の農書への継承性

　『農業時の栞』の耕作技術は，三河国平坦部にどの程度普及したであろうか。また，どの部分がその後に著作された三河国の農書に受け継がれていったのであろうか。後者については，『農業時の栞』から20年後に著された『農業日用集』の記述を用いて推察することができる。

　『農業日用集』は，三河国吉田（現在の豊橋市）魚町に鎮座する熊野神社の社主であった鈴木梁満（やなまろ）が，1805（文化2）年に著作した農書である。『農業日用集』には序文とあとがきがないので鈴木梁満の著作目的はわからないが，14種類の農作物[12]の耕作法が農作物ごとに記述されているので，鈴木梁満本人や子孫の耕作便覧として著作されたものと思われる。

　『農業日用集』が記述する14種類の農作物のうち，もっとも記述量の多いのが木綿であり，記述総量のほぼ3分の1を占める。その中に「農業時之栞　紅葉屋作ト云」という見出しで，『農業時の栞』の木綿作技術の中で鈴木梁満が役に立つと考えたことを2つ記述している（前掲（6）276-277頁）。

　ひとつは，「木綿を作るに五ツの難あり　此のがれやうハ」で文章を起こして，『農業時の栞』が記述する2種類の病害，花を食べる虫の害，湿害，旱害，風害への対策を要約していることである。

　もうひとつは，『農業時の栞』の木綿作技術の特徴を述べていることである。すなわち「もみぢ屋流わたの作り様大要」として，元肥を多く施用すること，追肥は早い時期に施用すること，株の上芽摘みは遅くおこなうこと，株間を狭めて密植にすることが紹介され，「右の如く作る時ハ大豊年にも八九分取リ大凶年ニも八九分取る仕かた也」（前掲（6）277頁）と，『農業時の栞』の耕作技術の核心部を記述している。生長した木綿の姿も「厚立にする故　枝ひらかず

高くのびる也　やせる也　小ぶさ也　うらを止る事おそき故高くのびる也　大風にあひてもいたまず」（同277頁）と，『農業時の栞』の記述を的確に要約して述べている。

　『農業日用集』の木綿への施肥法と肥料の種類は，元肥が土肥と煤と小便と干鰯の粉を混ぜたもの，1回目の追肥が十分に発酵させた肥料を小便で薄めたもの，2〜4回目が十分に発酵させた肥料である。したがって，追肥には自給肥料を使ったようである。『農業時の栞』との相違は，『農業日用集』の方が追肥の回数が多いことであるが，ともに元肥に重点を置いていることと，干鰯よりも自給肥料の施用量が多いことからみて，『農業時の栞』と『農業日用集』の施肥技術の水準に相違はないと，筆者は考える。

　以上のことから，鈴木梁満は『農業時の栞』の木綿作技術を参考にして木綿作をおこなったと考えられる。したがって木綿作に関しては，『農業時の栞』の耕作技術は，知識として三河国平坦部を対象にする農書に引用されただけでなく，この地域の人々の間に実用技術として普及していったように思われる。その根底には，『農業時の栞』が先端技術ではなく三河国平坦部の技術水準に合わせて，資金は乏しくても労力さえ適切に投下すれば着実な収穫量を得る技術を記述したことが影響しているのではなかろうか。

第6節　地域ごとに異なる耕作技術の発展系列

　本章では，『農業時の栞』の著作目的，耕作技術の地域性，後の三河国の農書への影響の3点について考察をおこなった。ここでは，その結果を整理してみたい。

　『農業時の栞』の著作目的は，老人すなわち細井孫左衛門宜麻が，自宅の背後の耕地で木綿などの農作物を長年実験栽培した成果や，老農から聞き取った情報の中から，三河国平坦部に有用な耕作技術を普及させることであった。しかもそれは先端技術ではなく，年ごとの天候の変化に関わりなく，一定の収穫量を確保するための技術であった。その背景として，『農業時の栞』が著作された天明年間は天候不順による農業生産の沈滞期であったことが強く影響して

いると，筆者は考える。

　このような世相の中で，それほど目新しくもない技術を記述した農書を多くの人に読んでもらうにはどうすればよいか。著者は当時の百姓たちが強い信頼を寄せていた『農業全書』の耕作法と比較して，自ら修得した耕作技術のほうが三河国平坦部の自然環境と技術水準に適合することを説明し，また多くの文献の記述を引用しつつ，読物としても興味が持てる工夫をしている。

　読者を増やして自ら修得した技術をより普及させようとした著者の工夫は成功したと，筆者は考えている。名古屋の貸本屋「大惣」の蔵書の中に『農業時の栞』は入っているし，また20年後に書かれた三河の農書『農業日用集』に『農業時の栞』が引用されているからである。

　それでは，年ごとの天候の変化に影響されることなく，木綿をはじめとする農作物を，老人の言葉を借りると「年々替すとれる様に作」り「年々多からず少なからぬ様に作」るためには，どうすればよいか。

　「三河国平坦部の自然環境に適合する時期に，三河国平坦部の耕作技術の水準で農作物を育てなさい」というのが，老人の基本姿勢である。すなわち，自然環境の大枠と人文環境の中枠の内側に，技術水準の枠をもうひとつ設けて，その枠内で耕作すれば一定の収穫量を確保できるというのである。老人は，「農業先進地の耕作法を無批判に取り入れるような背伸びした方法ではなく，在来の耕作法のもとで着実な育て方をせよ」と，繰り返し説いている。そして，農業先進地の耕作法を批判的に検討して，在来農法の水準でもおこなえる部分技術のみを導入することを奨励している。このような基本姿勢が『農業時の栞』の著者が主張したかったことであり，それ故に『農業時の栞』は地域性を明らかにしうる史料としての価値を持つのである。

　本章では，『農業時の栞』の耕作技術の地域性を，2つの視点から考察した。

　ひとつは，木綿に施す干鰯の施用法からみた地域性の考察であった。『農業時の栞』では，干鰯と下肥を水で薄めた液肥「出しこゑ」を元肥に施した後，追肥は1回だけ「出しこゑ」を入れるが，木綿の生育が良ければ追肥を施用しない場合もあった。この干鰯の施用回数は，当時の農業先進地の先端技術を伝える『農業全書』や『綿圃要務』と比べると少ない。また，干鰯と一緒に施す

他の肥料の効果を高めるために干鰯を使うと述べていることから，干鰯の施用量は少なかったようである。したがって，『農業時の栞』では元肥に重点を置く施肥がなされ，かつ干鰯の施用量は他の肥料よりも少なかったと思われる。これが『農業時の栞』の耕作技術の地域性のひとつである。

　もうひとつは，『農業全書』の木綿作法と比較した場合の，『農業時の栞』の地域性の考察であった。著者によると，三河国では木綿を作り始めてから100年あまりしか経過しておらず，まだこの地域に適合する耕作法が定着しているとはいい難い。そこで，著者は『農業全書』が記述する木綿作の部分作業の時期と方法のうち，三河国平坦部の自然環境と技術水準に適合しない部分を拾い出し，三河国平坦部に適合する耕作法を老人の口から百姓たちに説いて聞かせている。

　『農業全書』と比較した場合，『農業時の栞』の木綿作は，木綿の株を密植して，金と手間をあまりかけずに，1株に小さな実をたくさんつけさせて一定の収穫量を確保する方式であることが明らかになった。これらの栽培法は，近世の農業先進地であった畿内の水準には及ばないが，耕地の拡大段階から既存耕地の高度利用段階に移りつつあった中進地の技術水準を示していると，筆者は考える。

　このような特徴を持つ『農業時の栞』の耕作技術は，三河国平坦部の農書に継承されていく。そして，資金は乏しくても労力を適切に投下して一定の収穫量を得ていた三河国平坦部の技術水準に適合する技術として，木綿作をおこなう人々の間に普及していったと思われる。

　本章では『農業時の栞』が著作されて20年後に書かれた三河国の農書『農業日用集』を使って，第一に『農業時の栞』の木綿作技術が知識として継承されたことを述べた。そして第二に，『農業日用集』が耕作便覧に近い内容の農書であることから，その著者である鈴木梁満は『農業時の栞』を参考にして木綿作をおこなっていたと考えられ，『農業時の栞』の耕作技術は三河国平坦部に普及していったであろうことを推察した。

　筆者が『農業時の栞』から学んだのは，耕作技術が発展していく道は地域ごとに異なるということである。耕作技術の相違を，発展段階の差として縦一列

に並べるのではなく，まずは地域ごとの相違として横並びに置き換える。次に，それぞれの地域の技術の構成要素を，地域性として説明できるものと，ひとつの流れの中で地域差として説明できるものとに振り分ける。そして地域性として説明できる部分は，それを地域の枠内で保ち伸ばしていくのが適切な方法であろう。

　農業は損得勘定だけで価値を判断する経済行為ではなく，所与の環境下で生き物を育成し管理した結果の中から余った部分を人間が受け取る生業である。場所が異なれば生き物の育ち方も異なることは，天候が不順な年にはとりわけ心得ておくべきであろう。『農業時の栞』を読むことによって，筆者はこの視点に回帰する機会を与えられたと思っている。

注
(1) 細井宜麻（1785）『農業時の栞』．（有薗正一郎翻刻，1999，『日本農書全集』40，農山漁村文化協会，31-197頁）．
(2) 白井一二（1986）『東海道赤坂宿史談』自費出版，347-349・351-354頁．
(3) 有薗正一郎（1986）『近世農書の地理学的研究』古今書院，65-68頁．
(4) 稲，麦，蜀黍，黍，粟，稗，木綿，油菜，胡麻，たばこ，朝鮮人参，大根，菜，大豆，小豆，蚕豆，えんどう，ささげ，すいか，とうがん，ゆうがお，まくわうり，つけうり，きゅうり，かぼちゃ，なすの26種類．
(5) 宮崎安貞（1697）『農業全書』．（山田龍雄ほか翻刻，1978，『日本農書全集』12，3-392頁，農山漁村文化協会，同13，3-379頁）．
(6) 鈴木梁満（1805）『農業日用集』．（山田久次翻刻，1981，『日本農書全集』23，農山漁村文化協会，255-286頁）．
(7) 名古屋市役所（1934）『名古屋市史』人物編第一．（中部経済新聞社復刻，1968，中部経済新聞社，248-252頁）．
(8) 『農業全書』『碁教』『将棋教』『羅漢霊験記』『やしなひぐさ』．
(9) 『論語』『孟子』『荘子』『詩経』『書経』『易経』『周易』『孝経』『左伝』『近思録』『運気論』『天経或問』『元史』『纂要』『代悲白頭翁』．
(10) 『方等経宝幢分』『凡網経』『大般若経』『大日経疏』『法華経比喩品』『観無量寿経』．
(11) 大蔵永常（1833）『綿圃要務』．（堀尾尚志翻刻，1977，『日本農書全集』15，農山漁村文化協会，317-411頁）．
(12) 『農業日用集』に耕作法が記述されている作物は木綿，水稲，大麦，小麦，粟，稗，黍，大豆，ささげ，大根，なす，ごぼう，菜種，白ごまの14種類である．

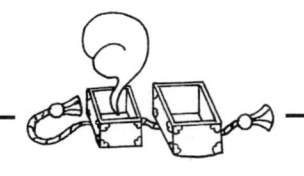

話の小箱（2） 「わた」と「くさわた」と「きわた」

　「わた」は，元来は蚕（かいこ）が作る繭（まゆ）のうち，糸口が見つからなくて糸にできないくず繭をほぐした製品の呼び名でした。つまり，動物がはき出した糸のかたまりです。織物の原料にはなりませんが，フワフワして暖かいので，高級ふとんの詰め物などに使われていました。

　ところが，中世の後半に中国から繊維をとるための農作物「わた」が導入され，近世には東北地方北部を除く全国で作られるようになりました。この植物の「わた」は，動物がはき出した糸のかたまりよりも大量に作ることができ，また，この繊維を糸にして織った着物は気密性が高く，麻の着物よりも暖かいので，近世の前半のうちに庶民の着物として普及しました。

　はじめは，この植物の実からとれる繊維と，動物がはき出した糸のかたまりを区別するために，植物繊維であることを意味する「木綿」の漢字をあてて，「わた」とか「きわた」と呼んでいたのですが，植物の実からとれる繊維のほうが動物がはき出した糸のかたまりよりも大量に作られ，値段が安く庶民の着物の原料として普及したので，いつのまにか「わた」とは植物の実からとれる繊維を指すようになりました。

　それでは，動物がはき出した糸のかたまりをどのように呼んで区別したか。人々はこれを「まわた（真綿）」と呼んで，植物の「わた」と区別するようになりました。動物がはき出した「わた」は，強引に押しかけて同居するよそ者に母屋を乗っ取られて，新たに小さな家を建てざるをえなくなった「お人好し」に似ています。

　これと同じような話は，ほかにもたくさんあります。たとえば，「にんじん」とは元来ウコギ科の木本で，高価な薬草を指していたのですが，ユーラシア大陸の西側から持ち込まれたセリ科の根菜に「にんじん」の名を奪

われてしまい，今では「朝鮮にんじん」とか「高麗にんじん」と呼ばれています。

「まわた」「朝鮮にんじん」は，元来の呼称の持ち主が新来者に呼称を乗っ取られて，接頭語付きで呼ばれるようになった話の例です。

この話はまだ終わりません。じつは，植物の「わた」には草本と木本の2種類があります。我々が着ている綿織物は草本の「わた」の実の繊維ですが，熱帯にはパンヤと呼ばれる落葉高木があって，この実にも「わた」の繊維ができ，ふとんの詰め物などに使われています。そこで，近世農書の中には，両者を区別するために，草本の「わた」に「草綿」「草棉」の字をあてて，読み方は「くさわた」「そうめん」，木本の「わた」に「木綿」の字をあてて，「きわた」と呼び分けている農書もあります。ただし，日本ではパンヤの木は育ちませんので，近世農書に記述される「わた」の耕作法は，すべて草本の農作物の耕作法です。

また，草本の農作物の実からとれる繊維を加工した糸や織物に「木綿」の字をあてて，「もめん」と読ませるので，話はさらに込み入ってきます。近世農書を読むときに「木綿」の字が出てきたら，草本の農作物またはこの植物の実からとれる繊維を指す「わた」なのか，半製品または製品の「もめん」なのかを読み分ける必要があります。

からまった「わた」の糸をほぐす作業は，並大抵ではありません。

第4章　近代初頭 奥三河の里山の景観

第1節　19世紀の里山は「荒地」だった

　筆者は近世末の日本列島の土地利用図を作成したことがある。それを作成する手順は，前著『在来農耕の地域研究』[1]の第9章第2節（前掲 (1) 176-180頁）に記述した。また，作成した近世末土地利用図は『アトラス　日本列島の環境変化』[2]に収録されている。しかし，作成した図の内容を十分に説明できない部分がいくつかあったので，それらを説明するための資料収集と考察の作業を，引き続きおこなっている。

　近世末土地利用図の中で，内容を十分説明できなかったことのひとつが，初版5万分の1地形図の地類の中で「荒地」に区分される土地が国土面積の10％余りあり，しかも「荒地」は全国に分布していることであった（図12）。また，初版5万分の1地形図に「荒地」の記号が記載されている場所は，集落の背後にある里山の中腹から山頂にかけて多く見られ，奥山の森林限界より高い所にはほとんどない。したがって，「荒地」は人間の手が及ばない荒蕪地ではなく，人間がそこを利用する目的で一定の植生の状態に維持していた土地であるように，筆者には思われた。

　1935（昭和10）年版の陸軍陸地測量部『地形図図式詳解』[3]によると，地類とは「主トシテ地面ヲ覆フ植物ノ種類ヲ分類シ且展望，通過ノ景況ヲ示スモノトス」（前掲 (3) 94頁），すなわち植生と軍事行動の難易度を組み合わせた土地分類のことである。『地形図図式詳解』はそれぞれの地類を定義する中で，「荒地」を「荒地ハ土地肥瘠ノ如何ニ関セス曽テ開墾セシコトナク或ハ一旦開墾セシモ久シク荒蕪シアル土地ヲ謂フ」（同97頁）と定義している。また，砂礫地

の中に草がまとまって生えている場所には,「草ヲ生スル部ニハ荒地ノ記号ヲ配置」(同103頁)するように指示している。さらに「草地ハ牧草ヲ栽培スル土地ヲ謂フ」(同96頁)と定義して,「荒地」と「草地」を区別している。陸地測量部が地形図を作成する第一の目的は「軍用ニ供スル」(同1頁)ためであったから,地形図が表記する「荒地」は,兵員が立った状態では敵に発見される危険度が大きい植生の場所を意味していた。すなわち,陸地測量部がいう「荒地」とは,植生と軍事行動の難易度にもとづいて設定した,栽培牧草以外の草

図12 近世末に荒地が卓越する場所の分布
1辺2kmの枠内で荒地がもっとも大きな面積を占める場所を示してある。
愛知県東部の枠内は図13の範囲を示す。
図12と図13は筆者作成の近世末土地利用データファイルから作成した。

が生える土地のことであって，そこを日常の生産と生活のために使う人々の視点に立って区分した土地ではない。

　近世以降の史料と文献によれば，初版5万分の1地形図が記載した里山の「荒地」のかなりの部分は，20世紀中頃までは柴草を採取する場であった。それでは，20世紀中頃までの里山にはどのような景観が展開していたのであろうか。

第2節　本章の目的と方法

　本章の目的は，奥三河における近代初頭の里山の景観を復原することである。奥三河を考察の対象地にした理由は2つある。

　第一は，陸軍陸地測量部が作成した初版5万分の1地形図を見ると，奥三河の里山のかなりの部分が「荒地」と表示されているからである（図13）。

　第二は，内務省の地籍編纂事業で1884（明治17）年頃に作成された，町村ごとの『地籍帳』と『地籍字分全図』[(4)]が愛知県公文書館に収蔵されており，初版5万分の1地形図が表示する奥三河の「荒地」が，どのような地目で登記されているかがわかるからである。

　『地籍帳』は，土地の所有者がその土地がある字名・地番・地目・面積・地価・筆数を町村に申告し，町村がそれらの情報を1筆1行で記載する書式の冊子に綴って，愛知県令に提出した文書である。『地籍帳』には，民有地のほか，官有地についても地価を除く項目が記載されている。愛知県では当該町村の土地所有者の中から調査担当者が任命されている。

　『地籍字分全図』は縮尺1,200分の1で調製され，図面には『地籍帳』が記載する土地の字界・筆界・地番・地目名が記入されており，また地目は種類ごとに定められた色を使って描かれている。

　したがって，当時の里山にあった地目ごとの面積が『地籍帳』でわかり，それら地目の配置が『地籍字分全図』でわかる。

　本章では次の手順で考察をおこなう。

（1）『地籍帳』を使い，三河国東部の5郡（北設楽，南設楽，八名，宝飯，

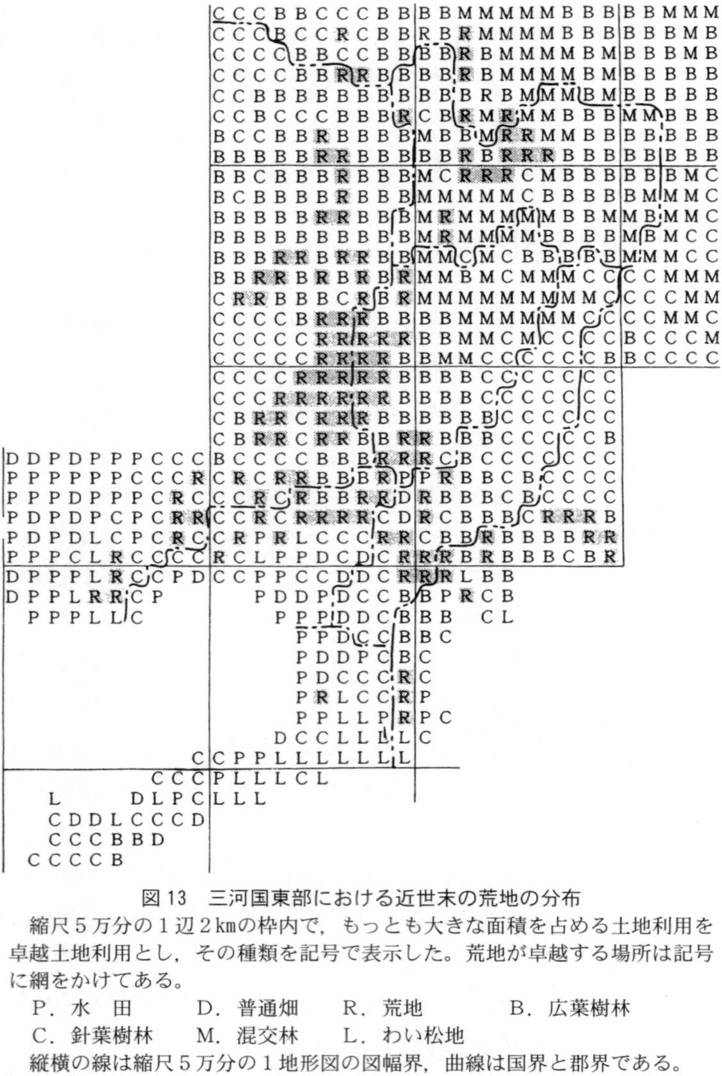

図13 三河国東部における近世末の荒地の分布

縮尺5万分の1辺2kmの枠内で，もっとも大きな面積を占める土地利用を卓越土地利用とし，その種類を記号で表示した．荒地が卓越する場所は記号に網をかけてある．

P．水　田　　　D．普通畑　　R．荒地　　　B．広葉樹林
C．針葉樹林　　M．混交林　　L．わい松地

縦横の線は縮尺5万分の1地形図の図幅界，曲線は国界と郡界である．

渥美）それぞれについて，民有地面積中の各地目の構成比を算出し，里山がどのような用途に使われていたかを推察する。
(2) 愛知県北設楽郡の上津具村と下津具村と西納庫村と東納庫村の『地籍字分全図』から地目分布図を作成して，初版5万分の1地形図から作成した地類分布図と比較する。
(3) 奥三河の19世紀末頃から20世紀中頃までの里山の景観と利用の実態を，聞き取りと文献によって記述する。
(4) 奥三河における近代初頭の里山の景観のモデル図を提示する。

　上記の手順の考察によって，初版5万分の1地形図が表記する地類「荒地」の景観が，近代初頭まで遡って復原できる。こうして復原された景観はおそらく近世末の里山の景観でもあるから，かつて筆者が作成した近世末の土地利用図の「荒地」に関わる部分が，より適切に説明できるようになるであろう。

　なお，里山とは集落と耕地，すなわち「人里」に隣接する「山」であるが，本章では里山を「人間が植生につねに介入して，農耕と生活のための資源を育成し採取する，人里周辺の山」と定義して，これからの考察をおこなう。

　初版5万分の1地形図が「荒地」と表記する場所の多くは，柴草を採取したり，牛馬を放牧するための里山であった。これら里山を覆っていた柴と草は，自然生のものではなく，適切な質と量の柴と草を適時に採取したり牛馬を放牧できるように，人々が里山に介入した結果の植生であった。その中から，現在も日本でもっとも広い面積の「荒地」がある九州中部における里山の利用の実態を，次に記述する。

　九州の中部から南部にかけて，初版5万分の1地形図が「荒地」の記号で表記する広大な土地があった（図12）。ここは久住山・阿蘇山・霧島山などの火山が南北方向に配列する地域であり，「荒地」は火山の斜面に広がっていた。その大半は柴草と飼料を採取し，牛馬の放牧をおこなう入会の草地であった。

　この地域における近代以降の利用の実態について，久住は勝目忍[5]が，阿蘇は中島弘二[6]が，霧島は服部信彦[7]が報告している。勝目と中島によれば，久住と阿蘇で草地の状態が維持されてきたのは，構成比が高い民有地と公有地を採草と放牧に強度に使っていたことと，人間が定期的に焼き入れして植生の

遷移を停止させていたからであった。他方，服部によると，国有地が多い霧島では近代以降に植林がおこなわれて，草地よりも経済効率が高い林地化が進行し，草地は減少していった。九州の中部から南部にかけての火山斜面に展開していた「荒地」は，荒蕪地ではなく，人間の意図でつねに草が生える状態に維持されていた草地だったのである。

　それでは，初版5万分の1地形図が表示する奥三河の「荒地」はどのような土地であったか。藤田佳久が作製した近世末の林野利用図では，奥三河の「荒地」は柴草山になっている（前掲 (2) 78-79 頁）。また藤田は，豊川下流域で近世に水害対策として不連続堤が作られた原因は上流部の林野荒廃化にあることを述べた別稿[8]で，奥三河の柴草山は草地化さらに禿山化した入会地であり，森林が草地化した理由は，耕地の肥料にする草のほかに，近世に伊那谷と東海道筋間の物資を運搬した馬稼ぎ用の馬の飼料として大量の草が必要であったからであると説明している（前掲 (8) 79-85 頁）。

　初版5万分の1地形図が表示する奥三河の「荒地」は，実際にはどのような景観の場所であり，どのような使われかたをしていたのか。先に述べた手順で考察してみたい。

第3節　『地籍字分全図』に描かれた里山の地目配置

　表3は，明治17～18（1884～85）年に作成された『地籍帳』が記載する地目を，三河国東部に位置する5郡ごとに集計し，総土地面積中の構成比で示した表である。

　これらの中で，「〜山」と称される地目の大半は里山にある。文字の意味を率直に受け取れば，蒭秣山の植生は草地，柴草山は幼木と草の混生地，雑木山は雑木林（陽樹林），用材山は植林地である。しかし，蒭秣山と柴草山と雑木山と用材山の区別は，当時の調査者が現地で詳しく調査した結果ではなく，土地の人の地目申告をそのまま記載したように思われる。それは，これら4つの地目の構成比が郡ごとに異なっており，またこれらの地目の地価が田畑の100分の1程度で，どの地目で記載しても地租の徴収額にほとんど影響がなかった

表3 東三河5郡における『地籍帳』に記載された地目の構成比

郡名	面積 町反畝	田%	畑%	宅地%	藪%	草生%	野%	用材林%	用材山%	薪秣山%	柴草山%	雑木山%	その他%	民有地率%
北設楽郡	31,761 5 8	3	4	0	0	0	0	0	26	13	13	34	7	58
南設楽郡	16,513 5 2	8	7	1	0	0	1	0	29	18	8	18	11	69
宝飯郡	15,422 9 1	22	23	4	1	0	1	2	1	2	3	23	18	85
八名郡	14,483 7 7	10	14	2	1	1	1	4	19	5	13	12	18	80
渥美郡	25,085 7 0	19	21	3	1	2	5	19	11	0	0	3	16	77
合計	103,267 4 8	12	13	2	0	1	2	6	18	8	7	19	12	72

北設楽郡56村，南設楽郡60村，宝飯郡99村，渥美郡77町村の『地籍帳』から作成した。
面積は官有地と民有地の合計，各地目の構成比は面積中の百分率である。

からである。地租の徴収者にとって，里山は課税価値がない土地であった。

　他方，土地の人々にとって，里山は日常の生産と生活に不可欠の資源を提供してくれる場であった。ただし，土地の人々が『地籍帳』が記載するほどの細かな地目区分どおりの利用をしていたかというと，そうではない。このことについては次節で述べる。

　奥三河の領域とほぼ一致する北設楽郡は，ほとんどが山間地で，「〜山」と称される地目が総土地面積の86％を占めていた。地目別で見ると，雑木山が総土地面積の3分の1，用材山が4分の1を占め，三河国東部5郡のうち，北設楽郡の里山は樹木で覆われていたとの印象を与える。しかし，『地籍帳』の地目を集計したこの表は，北設楽郡各村の平均的な姿ではなく，里山の地目の構成比は各村ごとにかなり異なっていた。それでは，それぞれの村で各地目は，どのように配置していたのであろうか。北設楽郡に属する4村の『地籍字分全図』から地目分布図を作成して，里山の地目配置を検討してみたい。

　図14は明治41（1908）年測図の初版5万分の1地形図から作成した，上津具村と下津具村の地類分布図である。ここはひとつの盆地の中にあって，津具川沿いには田畑が配列するが，両村域の大半は里山である。里山の地類の中では「荒地」がもっとも多く，この図の上半分を占める上津具村では，村境付近以外はほとんど「荒地」になっている。

　図15は明治17（1884）年調べの『地籍字分全図』から作成した，上津具村と下津具村の地目分布図である。津具川沿いに田畑があることでは，地形図と

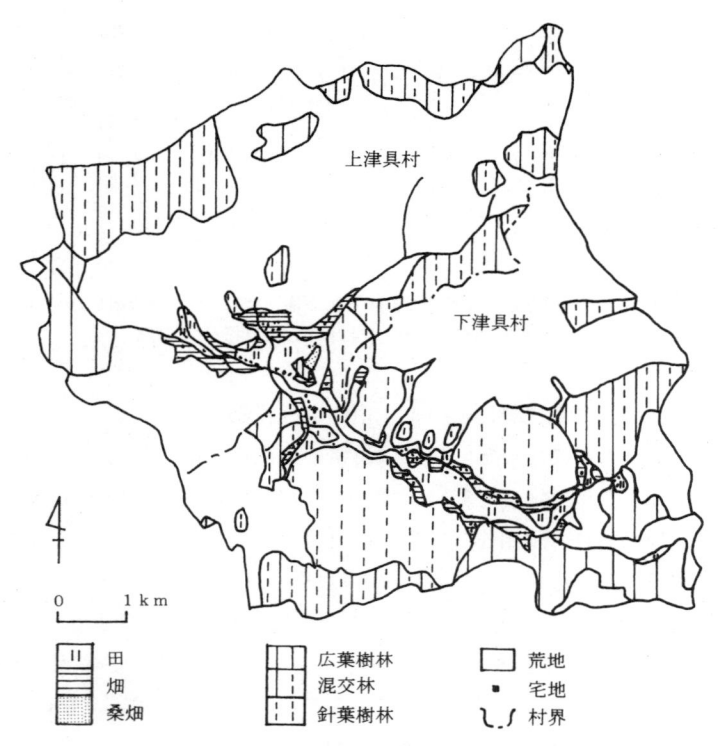

図14　津具盆地の20世紀初頭の地類分布
5万分の1地形図「根羽」「本郷」（明治41年測図）から作成した。

一致する。しかし，里山の大半は柴草山になっており，地形図の地類表記とはかなり異なっている。ただし，下津具村の用材山は地形図の針葉樹林とほぼ一致しており，ここは松林か杉 檜（ひのき）の植林地であったと思われる。また，上津具村の北西端に位置する官有地の用材山は，地形図では混交林と表記されている。したがって，ここは樹木で覆われた場所であったことがわかる。

　以上のことから，初版5万分の1地形図が表示する津具盆地の「荒地」は，草だけが生い茂る荒蕪地ではなく，そのほとんどは混在する幼木と草を採取する里山であったことが明らかになった。

　図16は明治41（1908）年測図の初版5万分の1地形図から作成した，東納

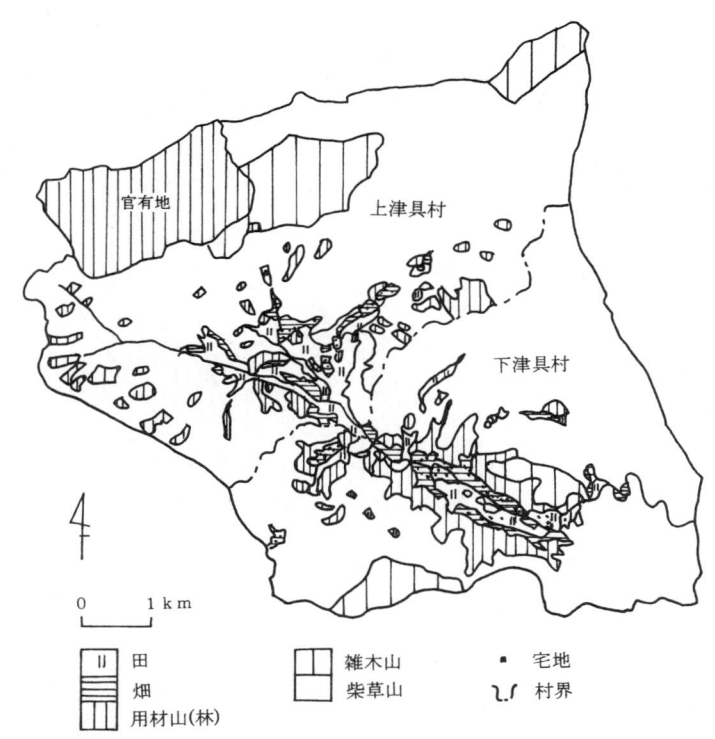

第4章　近代初頭 奥三河の里山の景観　63

図15　津具盆地の1884年頃の地目分布
明治17年調愛知県北設楽郡上津具村と下津具村の『地籍字分全図』から作成した。

庫村と西納庫村の地類分布図である。ここはひとつの盆地の中にあって，名倉川沿いには田畑が配列するが，両村域の大半は里山である。里山の地類の中では「荒地」と「混交林」がもっとも多く，とりわけ名倉川の右岸に「荒地」が多い。

　図17は明治17（1884）年調べの『地籍字分全図』から作成した，東納庫村と西納庫村の地目分布図である。名倉川沿いが田になっていることでは，地形図と一致する。名倉盆地では盆地底から里山の斜面を上がるにつれて，用材山，柴草山，雑木山，蒭秣山の順に配列しており，ここでも地形図の地類表記とはかなり異なる分布を示している。すなわち，『地籍字分全図』を見る限り，名

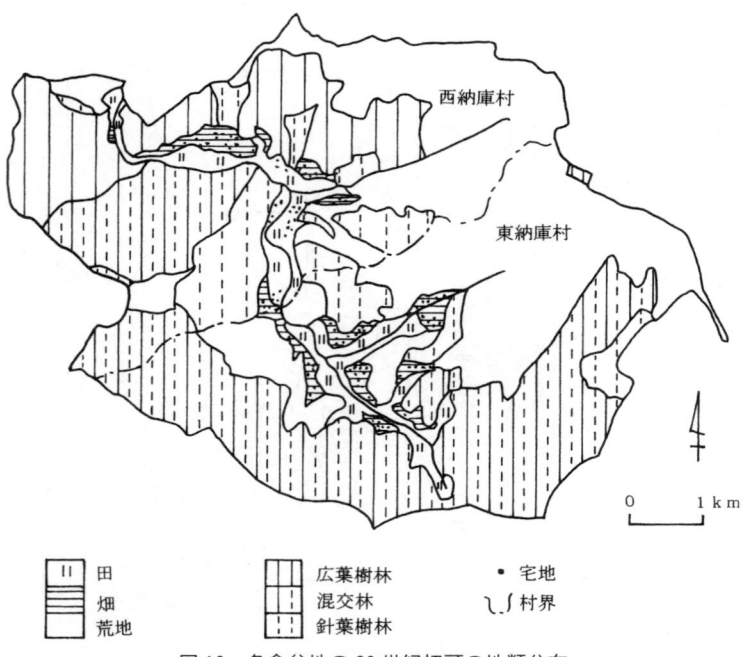

64　第1部　環境に適応する農耕技術

図16　名倉盆地の20世紀初頭の地類分布
5万分の1地形図「根羽」「本郷」（明治41年測図）から作成した。

凡例：田／畑／荒地／広葉樹林／混交林／針葉樹林／宅地／村界

倉盆地では里山を登るにつれて樹林地から草生地に景観が変化していく様子が描けるのである。また，東納庫村の『地籍字分全図』には，蒭秣山の中に屋根葺き用の萱[9]を採取する萱山が描かれている。

　以上のことから，初版5万分の1地形図が表記する津具盆地と名倉盆地の里山の「荒地」のうち，人里に近い山は草だけが生い茂る荒蕪地ではなく，混在する幼木と草を採取する場所であり，山の高位部は草を採取する場所であったことが明らかになった。

　奥三河4村の里山の各地目は，村の面積の中でどれほどの割合を占めていたか。表4は4村の『地籍帳』が記載する，各地目の面積と構成比を示した表である。上津具村と下津具村の地目分布図でもっとも大きな面積を占める柴草山は，それぞれ39％と56％であった。上津具村の柴草山の構成比が下津具村

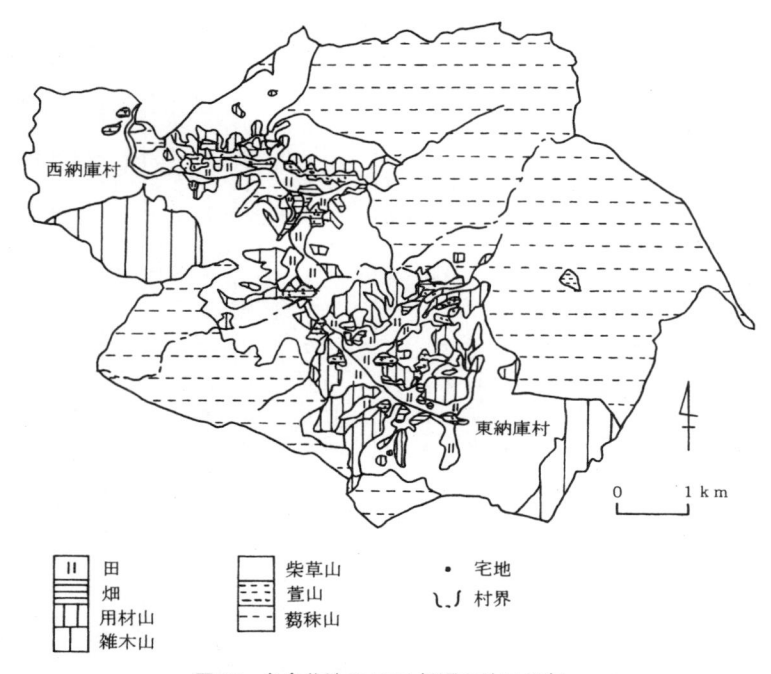

図17　名倉盆地の1884年頃の地目分布
明治17年調愛知県北設楽郡東納庫村と西納庫村の『地籍字分全図』から作成した。

よりも小さいのは，官有地の中の用材山が28％を占めるからである。この用材山は近世の「檜原山」の御　林がそのまま官有地に引き継がれた場所である。東納庫村と西納庫村は，上津具村と下津具村にはない蕨秣山が54％と29％と高い構成比を占めている。

　それでは，柴草山と雑木山と蕨秣山は，地目を区別するほど用途と景観が異なっていたのであろうか。『地籍字分全図』から作成した地目分布図と『地籍帳』からは，それはわからない。すなわち，地目分布図と『地籍帳』から，奥三河の里山の景観と利用の実態を読み取ることはできないのである。

　さて，地租を徴収する側は，里山をどの程度の課税価値がある土地と見なしていたのであろうか。表5は，奥三河4村の民有地の1畝当り地価を，地目別に示した表である。この表から，里山にある地目はいずれも田・畑・宅地の

表4 奥三河4村の地目別面積と構成比

	地目名	上津具村 町反畝	%	下津具村 町反畝	%	東納庫村 町反畝	%	西納庫村 町反畝	%	合計 町反畝	%
官有地	神社	1 4	0			3 8	0	2 9	0	8 1	0
	用材山	277 2 0	28			8 0	0			278 0 0	8
	道路	9 4 9	1	10 6 5	1	6 6 1	1	6 2 7	1	33 0 2	1
	川	18 7 7	2	36 5 0	5	10 4 9	1	16 7 5	3	82 5 1	2
	堤塘							5 6	0	5 6	0
	溝渠	1 8 9	0	1 0 3	0			8 9	0	3 8 1	0
	寺院境内	2 4	0			8 2	0			1 0 6	0
	掲示場							1	0	1	0
	小計	307 7 3	31	48 1 8	6	19 1 0	2	24 7 7	4	399 7 8	11
民有地	田	81 2 7	8	82 3 2	11	110 7 7	9	66 6 6	12	341 0 2	9
	畑	42 9 7	4	68 8 4	9	41 0 9	3	39 2 8	7	192 1 8	5
	宅地	6 9 0	1	7 9 5	1	6 2 1	0	5 7 2	1	26 7 8	1
	小学校	4	0							4	0
	寺院境内			4	0					4	0
	藪	9 6	0	7 3	0	1 8 3	0	9 7	0	4 4 9	0
	用材山	79 6 5	8	75 5 1	10	92 7 6	7	18 5 1	3	266 4 3	7
	用材林	1 0 0	0	6 5	0			3 6 2	1	5 2 7	0
	草生	1 3	0	1 8 9	0	4 6 2	0	3 2 5	1	9 8 9	0
	野			6 8	0					6 8	0
	柴草山	391 4 2	39	424 5 8	56	214 2 7	17	179 5 9	32	1,209 8 6	34
	雑木山	66 3 9	7	26 7 7	4	59 7 2	5	37 7 6	7	190 6 4	5
	蒭秣山					686 7 7	54	162 7 6	29	849 5 3	24
	用水溜・溜池	7 3	0	7 4	0	1	0	3	0	1 5 1	0
	稲干場					1	0			1	0
	墓地	2 9	0	1	0					3 0	0
	埋葬地	3	0	3 3	0	5 7	0	2 4	0	1 1 7	0
	火葬場					1	0	1	0	2	0
	溝敷			0	0					0	0
	小計	671 7 8	67	691 0 4	91	1,218 6 4	95	518 4 0	93	3,099 8 6	85
	総計	998 7 1	100	758 8 7	100	1,272 9 1	100	565 7 5	100	3,596 2 4	100

各村の『地籍帳』(明治17年12月調)から作成。

1/100〜1/300の課税価値しかなかったことがわかる。また,民有地の地価総額中にこれらの地目が占める割合の合計も1〜3％ほどである。したがって,里山を構成する各地目の割合が村ごとに異なるのは,各地目の単位面積当り地価がほぼ同額だったので,地籍調査者が所有者の申告どおりに地目を記載した

第4章 近代初頭 奥三河の里山の景観　67

表5　奥三河4村の民有地の1畝歩当り地価と各地価の構成比

上津具村

地目	面積 町反畝	地価 円　銭	1畝歩当り地価 円　銭厘	A%
田	81 2 7	22,522 35	2 77 1	81
畑	42 9 7	2,339 13	54 4	8
宅地	6 9 0	2,353 40	3 41 1	9
藪	9 6	25 97	27 1	0
草生野	1 3	29	2 2	0
用材林	1 0 0	5 00	5 0	0
用材山	79 6 5	238 69	3 0	1
柴草山	391 4 2	184 85	5	1
雑木山	66 3 9	7 21	1	0
蕨秣山				
合計	671 7 4	27,676 90	41 2	100

下津具村

地目	面積 町反畝	地価 円　銭	1畝歩当り地価 円　銭厘	A%
田	82 3 2	24,190 38	2 93 9	78
畑	68 8 4	4,109 15	59 7	13
宅地	7 9 5	2,260 62	2 84 4	7
藪	7 3	26 87	36 8	0
草生野	1 8 9	3 97	2 1	0
	6 8	1 71	2 5	0
用材林	6 5	3 76	5 8	0
用材山	75 5 1	268 12	3 6	1
柴草山	424 5 8	284 66	7	1
雑木山	26 7 7	23 06	9	1
蕨秣山				
合計	691 4 3	31,187 89	45 1	100

東納庫村

地目	面積 町反畝	地価 円　銭	1畝歩当り地価 円　銭厘	A%
田	109 8 7	29,718 49	2 70 5	85
畑	40 3 7	2,380 79	59 0	7
宅地	6 2 0	1,745 88	2 81 6	5
藪	1 8 3	69 16	37 8	0
草生野	4 6 1	1 01	2	0
用材林				
用材山	92 7 6	70 59	8	0
柴草山	214 2 7	173 59	8	1
雑木山	59 7 2	43 93	7	0
蕨秣山	686 7 6	578 36	8	2
合計	1,218 6 2	34,792 13	28 6	100

西納庫村

地目	面積 町反畝	地価 円　銭	1畝歩当り地価 円　銭厘	A%
田	66 4 1	21,156 69	3 18 6	83
畑	38 2 7	2,469 15	64 5	10
宅地	5 7 2	1,653 39	2 89 1	6
藪	9 4	32 99	35 1	0
草生野	2 8 2	6 39	2 3	0
用材林	3 4 4	21 68	6 3	0
用材山	10 5 1	1 46	1	0
柴草山	179 3 7	145 88	8	1
雑木山	37 7 5	2 53	1	0
蕨秣山	162 7 6	11 01	1	0
合計	518 4 3	25,637 39	49 5	100

各村の『地籍帳』（明治17年12月調）から作成。Aは民有地地価総額中の各地目の構成比。

からであろう。
　以上述べたように，『地籍字分全図』を見ることによって，初版地形図が表記した里山の「荒地」は荒蕪地ではなく，土地の人々が常時管理し利用する場所であったことが，ほぼ明らかになった。しかし，『地籍字分全図』は地租徴収上の地目区分をそのまま踏襲した図であって，里山の土地利用を描いた図ではない。奥三河における近代初頭の里山の景観と利用の実態は，『地籍字分全図』ではわからないのである。そこで，聞き取りと文献によって里山の景観と利用の実態を考察してみた結果を，次に述べることにする。

第4節　里山の景観と利用の実態

　これから記述する文章は，里山の利用と景観について，北設楽郡設楽町西納庫の鈴木冨美夫氏から聞き取ったことを整理したものである。鈴木氏が「名倉では」と限定された場合は，「名倉では」と記述する。場所の限定がない場合は，奥三河全体の記述である。時期は19世紀末から20世紀中頃までの話である。

　　山の奥まで柴草を取りに行くことはなかった。昭和40年代まで名倉と津具の村境がはっきりしなかったのは，奥山の価値がなかったからである。
　　屋敷地付近の用材山は私有林だった。名倉では私有林を「せどやま」「うちやま」と呼んだ。近世文書には私有林は「居林（いばやし）」と記述されている。私有林以外の山は入会地で，一部は焼畑に使った。
　　名倉では入会山のことを「木草山」「草刈山」「草刈場」と呼び，『地籍帳』と『地籍字分全図』が記載する「萢秣山」「柴草山」「雑木山」「用材山」という地目では呼ばなかった。「萱山」は萱葺きの屋根に使う萱を採る場所で，各集落に何か所かあったので，『地籍字分全図』のように1箇所だけということはない。柴草を刈る山に雑木や松が生える場所がいくつかあって，薪と用材を採っていた。ここを「薪山」と呼ぶこともあったが，この呼び名はあまり使わなかった。
　　入会山（いりあいやま）の草刈りは，刈る草が痩せないように，2年に1度おこなった。

草はススキとカリヤスが多かった。「ね」と呼ばれる稜線の部分がもっとも痩せており，草の生え方が貧弱だった。山で秋の彼岸頃に刈って，束ねて乾かしてから，晩秋から初冬にかけて家に運び入れる草を「ひくさ（干草）」と呼んでいた。また，田畑の畔で刈って並べて干してから束ねて家に運び入れる草は，「ほしくさ」と呼んでいた。馬小屋の梁の上に「ひくさ」と「ほしくさ」を載せておき，冬の間，毎日一定量を馬にやった。馬はその一部を食べるが，食べない草は踏むので，まとまった量になると馬小屋から出して，畑の肥料にした。春から秋までは，刈った青草を馬に食べさせた。馬は食べきれない青草を踏むので，これもまとまった量になると馬小屋から出して畑の肥料にした。

　柴は雑木の幼木と枝のことで，出芽後2～3年たった幼木と枝を刈り取った。柴草のうち，小柴は田植前に刈り取って水田に踏み込む肥料にし，大きな柴は薪に使った。

　明治20年代後半から30年代前半にかけて，入会山をそれぞれの家に分割し，私有地にした。これを「割山（わりやま）」という。名倉では，経営面積の大小に関係なく，それぞれの家に均等に「割山」した。西納庫の川口では，遠い山と近い山を各家に均等に配分した。それ以降は各家で地租を支払うことになった。均等配分したのは自由民権運動の影響である。こうして入会山は私有地になったが，経営耕地が少ない家から山を手放しはじめた。山の柴草を使いきれないうえに，地租を支払わなければならなかったからである。

　大正の末頃から化学肥料が使われるようになり，山の柴草を使う割合が次第に減りはじめた。昭和初年から10年代中頃は，私有の山で製炭がさかんにおこなわれ，植林は第二次世界大戦後におこなわれた。

　名倉は馬の産地で，各家で1～4頭の馬を飼っていた。名倉は湿田が多かったので，田の耕起に馬は使えなかった。馬を飼う目的は，仔馬生産，物資の運搬，厩肥作りであった。名倉は長野県と愛知県を結ぶ街道に沿っているので，馬の背に物資を載せ，1人が数頭の馬を連れて運んだ。昭和5年頃から湿田でも動ける牛が飼われ始めた。馬は運搬と厩肥源の用途が

減って，昭和10年代には数がかなり少なくなった。

　以上が鈴木冨美夫氏から聞き取ったことがらである。
　ちなみに，名倉に隣接する稲武町黒田では，秋の彼岸頃に刈る「ひくさ（干草）」用の草刈場が山の高い場所に3箇所あり，そのうちの1箇所（5町歩ほど）と萱山（2町歩ほど）は，毎年春の彼岸頃に焼いていた[10]。また『北設楽郡史』[11]は，秋に「ひくさ（干草）」用の草を刈る入会山について，「よい馬草を得るためには春季山を焼かなければならない。山焼きの季節は春彼岸過ぎちょっと草が芽ぶく頃で……草刈が隔年である関係上山焼きも一年置きに行った」（前掲（11）132-133頁）と記述している。奥三河では，冬季の馬の餌と敷藁にする草を刈る入会山を，毎年または2年に1度焼いて，草地にしていたのである。
　次に，名倉の東隣に位置する津具の里山について，『北設楽民俗資料調査報告』[12]の記述を要約して述べる。

　　近世の津具の里山は，御林であった上津具の檜原山と下津具の白鳥山以外はほとんどが入会地だった。入会地の利用形態は名倉と同じであった。1882（明治15）年から入会山の一定部分の地上権を各家に付与する事業がおこなわれた。割当面積は「上下津具両村入会山は一戸に付柴山二町歩乾草山三町歩宛に割合の事　但各戸へ割合候場合へは両村の者入会相成不申候事」（前掲（12）19頁）とあるように，柴山が2町歩，草山が3町歩，合計5町歩であった。当時の津具の農家1戸当り耕地面積は7反歩ほどだったので，耕地の約7倍の面積の里山の私的使用権が与えられたことになる[13]。1901（明治34）年に再度入会山の割当てがおこなわれ，事実上の私有地の面積はさらに増えた。津具では里山の植林が明治期からおこなわれている。

　近代初頭の名倉と津具における里山の景観と利用の実態を整理すると，次のようになろう。
　屋敷の背後は私有の植林地であったが，そこから上の斜面は入会地で，一定の約束ごとに従って管理と利用がおこなわれていた。入会山の斜面には，雑木の幼木である柴と，ススキやカリヤスなどの多年生の草が生えており，やや生

長した雑木と松が生える林も点在していた。山の稜線に近づくほど柴草の生え方は貧弱になり，山頂付近は草山だった。山の高い所に，馬の冬季の餌と敷藁に使う「ひくさ（干草）」と屋根葺き用の萱を採取する草刈り場があった。これら柴草が生える斜面は自然植生ではなく，村人が柴草刈りの間隔と期日と期間を設定したり，草山の状態を維持するために定期的に焼く作業をおこなって，植生が遷移しないように管理していた。

初版5万分の1地形図が表記する地類「荒地」の実態は，人間によって柴草が生えるように管理されていた土地だったのである。また，柴草の生え方は里山の高位部ほど貧弱だったが，『地籍字分全図』が数種類の地目に分けたような利用目的の相違はほとんどなかった。

それでは，なぜ『地籍帳』と『地籍字分全図』は，日常使わない細かな地目に区分したのであろうか。

「蒭秣山」「柴草山」「雑木山」「用材山」およびそれらに似た名称は，近世の地方文書や近代初期の公文書で使われた用語であった。例を3つあげよう。

近世の地方書の中でもっとも知られた『地方凡例録』の巻之二下には「萱野」「秣場」「原地」の名称がある[14]。

愛知県が1875（明治8）年に布達した「地籍帳編纂之事」[15]は，山を草山と木山に分け，草山は「下草場」「柴草場」「蒭秣場」ごとに，木山は「檜山」「松山」「桐山」「雑木山」ごとに面積を記載し，林は「檜林」「松林」「栗林」「雑木林」「用材林」に分けて面積を記載するよう指示している。

地租改正事務局の「山林原野調査法細目」[16]（明治9年3月10日達）には，「地位等級定メ方ハ……用材山（松柏杉檜山ノ類）　薪炭山（椚楢其他雑木山ノ類）　柴山　草山　竹林　萱草生地等ヲ類別シテ……地目ハ山林（用材山薪炭山及ヒ山岳ノ竹林モ此中ニ入ル）　柴草山　薮林（平地ノ竹林ハ此中ニ入ル）　萱草生地等ニ分チ」と記載されている。

内務省は，官有地と民有地の一筆ごとに土地の状況を明らかにするために，1874（明治7）年12月から地籍編纂事業を開始する[17]。愛知県における地籍編纂事業は1884年3月の達「乙第四十四号」[18]の指令で実施されるが，この指令書の第九条に官有地の山林の地目名称として「用材山」「用材林」「雑木山」

「雑木林」「柴草山」「蒭秣山」があり，民有地でもこの名称を使うように指示している。この愛知県の指示は1883年4月の内務省達「乙第十六号」[19]にもとづいて出されているが，山林の地目名称は内務省達「乙第十六号」の地目名称[20]をそのまま使っている。すなわち，これら山林の地目名称は中央政府の指示による名称であって，奥三河固有の呼称ではなかったのである。

「蒭秣山」「柴草山」「雑木山」「用材山」は，租税徴収に関わる文書上の用語であった。内務省の指示で愛知県がおこなった地籍編纂事業は，租税徴収のためではなく，土地の所有関係を明らかにすることが目的であったが，地目の名称については，租税徴収用の公文書で使っていた用語をほぼそのまま採用した。したがって，内務省の地籍編纂事業で使われた地目名称は，里山の利用の実態とその結果である里山の景観を説明する名称ではなかった。

土地の人々は，『地籍帳』と『地籍字分全図』を作成するための調査時に，地租改正のために作成された地引絵図（じびきえず）で使われた地目名称をそのまま申告したのであろうと，筆者は考えている。かつこれらの地目名称と似た用語は，すでに近世には使われていた。支配される側の人々から見ると，徴税者が交替しただけで，この時期はまだ近世の延長だったのである。また，徴税する側は，単位面積当り田畑の1/100〜1/300の地租しか入らない里山の地目の名称など，どうでもよかったのであろう。

第5節　里山の景観モデル

奥三河における近代初頭の里山の景観と利用の実態について考察した。要約すると，次のようになる。
（1）初版5万分の1地形図が表記する「荒地」は地類区分のひとつであって，ほぼそこの植生を示し，そこが日常どのように使われていたかは説明していない。
（2）『地籍字分全図』は，初版5万分の1地形図が表記した里山の「荒地」は荒蕪地ではなく，土地の人々が常時管理し利用する場所であったことを推定させる史料であるが，里山の景観と利用の実態は描いていない。

それは『地籍字分全図』は地租徴収上の地目区分をほぼ踏襲した地目分布図であって，土地利用図ではないからである。
(3) 文献と聞き取りによると，里山のうち，田畑屋敷のすぐ背後には私有地が若干あったが，多くは入会地であった。
(4) 里山のほとんどは，主として落葉広葉樹からなる雑木の幼木である柴と，ススキやカリヤスなど多年生の草を採取する場であり，柴草は田の刈敷や畑の堆肥や家畜の飼料や薪炭など，農耕の生産力を維持する物質の素材になった。
(5) 里山の入会地は19世紀末〜20世紀初頭に所有権または地上権が各家に付与されたが，その後も利用の内容は近年まで変わらなかった。
(6) 里山の植生は，人間による利用と管理，すなわち介入の強度によって，草地と雑木林（陽樹林）の間のいずれかの段階にあった。また田畑屋敷のすぐ背後の私有地は，建築用材に使う常緑樹が植林されていた場合が多かった。
(7) 山の肥沃度は標高が上がるほど低下するので，山の稜線に近づくほど草山に近い景観であった。
(8) 入会山の高い場所には，馬の冬季の餌と敷藁に使う「ひくさ（干草）」を採取する草山と，屋根葺きに使う萱を採取する草山があった。ここは春の彼岸の頃に焼いて，草が採取できるように管理されていた。

以上述べたように，初版5万分の1地形図が表記する奥三河の里山の「荒地」は，荒蕪地ではなく，大半が農耕の生産力を維持するための柴草を採取する場であったことが明らかになった。また『地籍字分全図』が地目を区分するほどには，里山は細かく利用区分されていなかった。奥三河における近代初頭の里山は，全体としては幼木と草が混在する景観を呈していたのである。

以上の要約を踏まえて，図18に奥三河における近代初頭の里山の景観モデルを描いてみた。この図は，雑木林（陽樹林）の主な樹種である落葉広葉樹が芽吹く前の，3月下旬を想定して描いてある。

屋敷の背後の私有地には，建築用材に使う常緑樹の林があった。そこから上の斜面は入会地であり，その大半は柴草が覆っているが，やや生長した雑木と

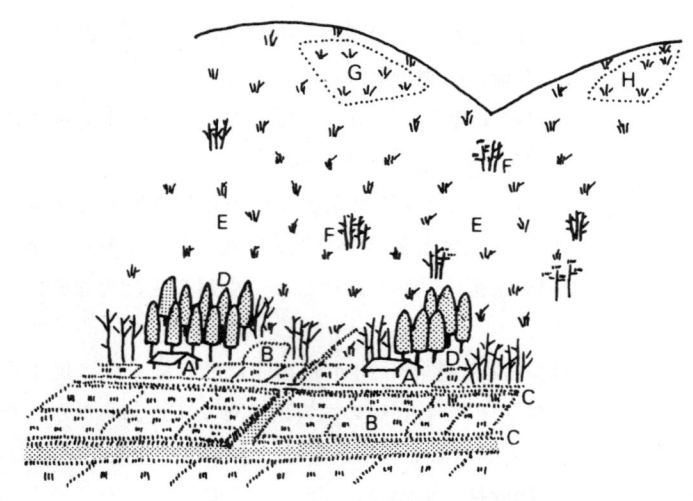

図18　奥三河における近代初頭の景観モデル
　A．屋敷　　B．田畑　　C．青草を刈る畦畔　　D．屋敷の背後の私有林
　E．柴草を刈る入会山　　F．薪と用材を採る入会の雑木林
　G．「ひくさ（干草）」用の草を刈る入会山　　H．屋根葺き用の萱を刈る入会山
　土地の古老からの聞き取りにもとづいて作成した。

松が生える林も点在していた。柴草は主に田植前の水田に入れる刈敷と畑の堆肥に使われ，雑木と松は主に薪と用材に使われた。入会山の稜線付近に「ひくさ（干草）」と萱を刈る場所があり，目的に応じた草が採取できるように，定められた時期に火をかけて焼くなど，特別の管理がおこなわれていた。いずれの入会地も，一定の約束ごとに従って管理と利用がなされていた。

　近世と近代の間で里山の利用形態は変わっていないので，図18に筆者が描いた景観は，おそらく近世には見られたと考えられる。そして，この景観は，近代を経て20世紀中頃まで続いたのである。

　さて，現在は経済価値を失った里山への人間の介入がほとんどなされないために，里山の植生の遷移が進行し，奥三河では雑木林（陽樹林）になっている所が多く，樹木が幾重にも葉を着ける夏季は暗い森になりつつある。また，林床が1年中暗い常緑樹の植林地も拡大した。したがって，現在我々が見る奥三河の里山の景観は，近世から20世紀中頃までの人々が見た景観とは，全く異

なる姿なのである。

　陸軍陸地測量部が作成した地形図は，「軍用に供する」ために地表面の被覆を地類で区分し，土地の所有関係を明らかにするために内務省と愛知県の指令で各町村が作成した『地籍字分全図』は，地租徴収のための地目で区分しているので，対象にする場所の景観と土地利用の実態を表示しているとは限らない。そこの景観と土地利用を明らかにするためには，土地の人々からの聞き取りが欠かせないことを，筆者は学んだ。

注
(1)　有薗正一郎（1997）『在来農耕の地域研究』古今書院，205頁．
(2)　西川治監修（1995）『アトラス　日本列島の環境変化』朝倉書店，4-5頁．
(3)　陸軍陸地測量部（1935）『地形図図式詳解』249頁．
(4)　佐藤甚次郎（1986）『明治期作成の地籍図』古今書院，283-319頁．
(5)　勝目忍（1990）「入会林野からみた「ムラ」領域の空間構造－大分県久住町都野地区の事例－」人文地理42-1，1-24頁．
(6)　中島弘二（1989）「近代阿蘇山麓の牧野利用－人間環境関係再考－」地理学評論62A，708-733頁．
(7)　服部信彦（1964）「霧島火山における草地利用の研究」地理学評論37-9，488-506頁．
(8)　藤田佳久（1999）「近世における豊川流域および奥三河山間地域おける林野利用の展開とその荒廃化－豊川霞堤の研究（その5）－」愛知大学綜合郷土研究所紀要44，61-96頁．
(9)　奥三河ではカリヤスを萱と呼び，ススキとは区別している。萱山はカリヤスが生えるように管理された場所で，山の斜面の高い部分にあった。屋根を葺く材料にはカリヤスだけでなく，ススキも使われたが，それぞれ別の束にして使ったという。
(10)　北設楽郡稲武町黒田の太田恒誠氏（1911年生）からの聞き取りによる．
(11)　北設楽郡史編纂委員会編（1970）『北設楽郡史』歴史編－近世，北設楽郡史編纂委員会，570頁．
(12)　愛知県教育委員会編（1971）『北設楽民俗資料調査報告』2，愛知県教育委員会，12-20頁．
(13)　「割当山」は各家が村から99年間地上の独占使用権を付与された山で，20世紀前半まで1戸当り数銭程度の地上権地代を村に支払っていた。20世紀中頃までの間に各家が「割当山」を買い取ったので，現在の津具村の帳簿には「割当山」はない．
(14)　大石久敬（1791-）『地方凡例録』．（大石慎三郎校訂，1969，近藤出版社，135-136頁）．
(15)　「明治八年　無号　地籍帳編纂之事」（『明治九年五月愛知県布達類集』所収，147-168丁）．
(16)　地租改正資料刊行会編（1956）『明治初年地租改正基礎資料』中巻，有斐閣，25-26頁．
(17)　内閣官報局編（1889）『明治七年法令全書』522-523頁．
(18)　「明治十七年　乙第四十四号」（『明治十七年愛知県布達類集』所収，364-365丁）．
(19)　内閣官報局編（1891）『明治十六年法令全書』649-660頁．

(20) 1883（明治 16）年 4 月の内務省達「乙第十六号」によると，この地籍雛形は 1874（明治 7）年 12 月の内務省達「乙八十四号」で府県に指令した全国地籍編纂調査の地籍雛形を更正したものである。しかし，1874（明治 7）年 12 月の内務省達「乙八十四号」は「別紙雛形ノ通一村毎取調候（中略）別紙略ス」（前掲 (17) 522-523 頁）と記述しており，山林の地目名称を含むひな型の中身はわからない。

第5章　村の資源循環からみた里山の役割

第1節　20世紀中頃までの里山の景観

　集落と耕地の背後に位置する傾斜地は，20世紀の中頃まで肥料や飼料や薪炭や用材に使うための草木を採取する場としての役割を担ってきた。集落と耕地を囲む傾斜地は，地域ごとにさまざまな名で呼ばれてきたが，近年ここを「里山」と呼ぶ人が増えてきた。里山という用語を使い始めたのは，村をひとつの生態系と考え，その物質循環の中で集落と耕地を囲む傾斜地の役割を説明しようとする人々であった。

　空間配置で言えば，里山とは集落と耕地すなわち「里」に隣接する「山」であるが，20世紀中頃までの里山は，次のような役割と景観の場所であった。

　里山とは，村人が農耕と生活のための資源を育成し採取する場であり，特定の樹種が植栽されている用材山を除くと，人間の介入の程度によって，植生遷移の段階で表現すれば草生地から雑木林（陽樹林・落葉広葉樹林）までの景観の土地であった。

　農耕のための里山の利用は古い時代からおこなわれ，里山は村の資源が循環する場のひとつであったと思われるが，それを史料で直接検索できるのは近世からである。

　本章では，里山について次の2つのことを記述して，資源が循環する場であった村の中で里山がどのような役割を担ってきたかを明らかにしてみたい。

（1）近世における里山の呼称と用途について記述し，両者の重なり具合い，すなわち呼称がどの程度用途を説明しているかを明らかにする。

（2）20世紀中頃までの村の資源循環の中における里山の位置付けをおこな

う。

　里山の呼称や村の経済と社会に里山が担ってきた役割がわかる資料は，近世の藩領ごとに林野制度の記録を収録する『日本林制史資料』[1]など数種類ある。

　農耕に関わる林野制度の研究は，第二次世界大戦後の20年ほどの間に，法制史と経済史と社会史の視点からおこなわれた。この時期の研究の多くは，山林が農地改革の対象にならなかったことの理由と，村社会への影響を明らかにすることを目的にしている。部落有林野と農業生産との関わりを経済学・社会学・政治学の研究者が分担執筆した『日本林野制度の研究』[2]は，この時期の林野制度研究の例である。

　1960年代に入ると，離村による村の人口減少と林野の所有形態との因果関係を明らかにしようとする研究がおこなわれた。入会林野があった山村となかった山村では村の構造が異なり，それが1960年代以降の人口流出の形態にも影響を与えたとする解釈[3]は，この種の研究の例である。

　1970年代には地域の環境の中の里山の位置付けと役割を論じる生態学の視点からの研究がおこなわれるようになって，村の物質循環の中で里山が担ってきた役割が明らかになりつつある[4]。また，現在でも農林業の経営に里山を利用している事例を参考にして，産業振興と環境保持を同時に満たす里山の利用と管理の方向を展望する研究もある[5]。

　筆者は，明治大正期の縮尺5万分の1初版地形図に表記された土地利用について，19世紀中頃以降に土地利用が変化した場所があれば元の土地利用に戻して，日本列島の近世末土地利用データファイルを作成し，それを画像化した土地利用図を使って近世末の人々の生活ぶりを考察したことがある。そして，近世末は近代以降の原点ではなく，近世までに蓄積されてきた生産と生活様式の到達点であると位置付けた[6]。

　この考察の過程で，集落を取り巻く里山の中に，縮尺5万分の1初版地形図が「荒地」の記号で表示する場所がかなりあることがわかった（図19）。そこで，筆者は三河国東部に位置する各村の明治中期の『地籍帳』と『地籍字分全図』に記載された里山の地目の名称を拾い，縮尺5万分の1初版地形図が表示する荒地の実態を検討した。そして，縮尺5万分の1初版地形図が表示する荒地は

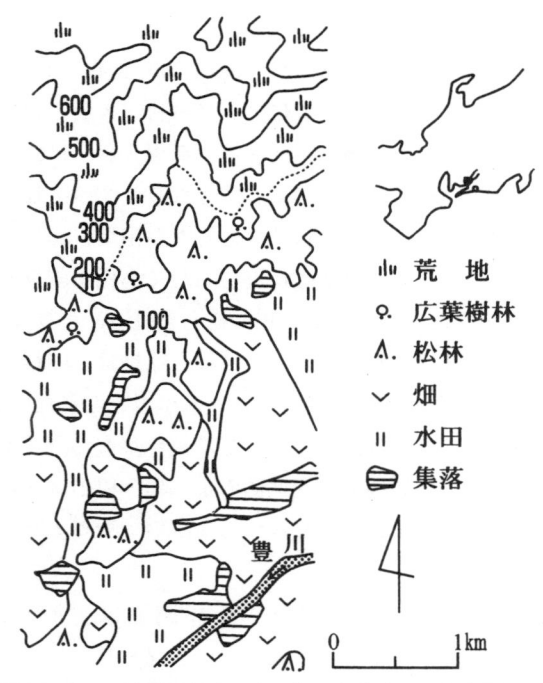

図19　初版5万分の1地形図が表示する豊川中流域の明治時代中頃の土地利用
縮尺5万分の1地形図「御油」（明治23年測図）から筆者作成。

荒蕪地ではなく，「柴草山(しばくさやま)」「秣山(まぐさやま)」「雑木山(ぞうきやま)」などと記載される肥料や飼料や燃料に使う草木の採取地であったことを，第4章で明らかにした。

　それでは，草木の採取をおこなう里山は，三河国東部以外の地域ではどのように呼ばれていたか。また，村の資源循環の中で里山をどのように位置付ければよいのであろうか。

第2節　近世における里山の呼称と用途

　近世には里山はどのように呼ばれていたか。地方書(じかたしょ)『地方凡例録(じかたはんれいろく)』[7]巻之二下には，村を取り巻く土地が次のような呼称で記載されている。

萱野（カヤノ）と云は空地原地等萱立（カヤダチ）のある場処……山方木立等の下草に立たる萱にてはあらず　萱許り立たる地処なり（前掲（7）上巻 135 頁）

秣（マグサ）場は田地の肥（デンチ）にいたす草苅場（コヤシ）にて　多分村々入会（イリアイ）の場処多し　山方野方原地もあり……すべて入会ハ古例次第（コレイ）　新規入会ハ禁ず……入会（イリアイ）の秣場に仮橋を掛けても　他の往来は禁ずる定法なり　すべて秣場なくては耕作も差支へ大切のものなり　依て秣場なき村々ハ田畑の畔土手（クロドテ）などの草を苅て用ひ甚だ不自由なり……原地は秣場にもなく小松小柴立等の草原にて不用の地多し　一体は野方秣場等の一円の総名（ソウメウ）を原地とも唱るなり（同 136 頁）

ここに挙げた萱野・秣場・原地のうち，秣場と原地は，田畑に施用する草木肥の材料の採取地であった。そして，矮生の立木がほとんどない草刈場を秣場，雑木林（陽樹林・落葉広葉樹林）の初期段階に遷移が進んだ草刈場を原地と区別したようである。また，秣場の説明にあるように，里山は新規入会の禁止や立ち入り制限によって，一定量の資源がつねに採取できるように管理されていた。

『地方凡例録』が記載するこれら里山の用途別呼称は，実際に使われていたのであろうか。林野庁は『日本林制史資料』に収録された各藩領の記録を使って，近世の林野利用の概要を『徳川時代に於ける林野制度の大要』[8]にまとめている。『徳川時代に於ける林野制度の大要』が記載する各藩の里山の呼称を，図 20 に示した。この図を見る限り，『地方凡例録』が記載する「萱野」「秣場」「原地」という里山の呼称はほとんど使われておらず，里山はさまざまな名で呼ばれていたことがわかる。

すなわち，萱野の呼称は高田藩の記録に記載されるだけであり，秣場は弘前藩と前橋藩の記録に記載され，会津藩が秣刈敷場，高田藩が秣野，松代藩が秣山，島原藩が馬草場の呼称を使うに留まっているし，原地の呼称はどの藩にも記載されていない。

図 20 を見ると，里山は「山」「野」という地形を表す文字と，「萱」「秣」「草」「刈敷」「柴」「薪」という採取の対象を表す文字を組み合わせて称された場合が多いことがわかる。もっとも多く使われた呼称は「野山」であり，中部地方の藩を除いて全国で使われていたようであるが，この呼称では里山の用途がわから

第 5 章 村の資源循環からみた里山の役割　81

図20　近世各藩の里山の呼称
『徳川時代に於ける林野制度の大要』[8]から筆者作成。

ない。『徳川時代に於ける林野制度の大要』は「野山」の用途を次のように記述している。

　　仙台藩　村民が自然生の秣肥草萱薪等を採取する場所にして，地元村のみ

にて採取する場合と，他村入会にして採取する場合とあり，何れも官有なり（前掲（8）102頁）
金沢藩　野毛とも称し小柴又は草の生立地にして村民の薪秣の採取地となし，山役を上納し官有なり（同352頁）。
岡山藩　村民が薪炭材秣肥草を採取し又は牛馬を飼養したる山林にして……官有の性質を有するものと認む（同470頁）。
徳島藩　村民が秣肥草等を採取する山にして官有なり（同532頁）。
佐賀藩　村民が薪炭材秣肥草を採取する山にして，官有なるを普通とす（同673頁）。

すなわち家畜の飼料，草木肥の材料，屋根葺き用の萱，燃料の木柴を採取する入会山を「野山」と称していたようであり，植生は草生地から陽樹の疎林までの間の状態であったと思われる。他の藩もほぼ同じ内容の説明が記述されている。また，これら入会の「野山」の大半は，近代に入って官有地になったことがわかる。「散野」（水戸藩），「山野」（山口藩）も「野山」の概念に含まれる呼称であろう。

「野山」が地形を表示するのに対して，「草」「秣」「刈敷」「薪」の文字がつく里山は，そこで採取する対象が示されている。

「くさ」と読む呼称としては、草飼山（秋田藩），草山（高田藩・松代藩・津藩・広島藩），柴草山（幕府領飛騨国），草場（名古屋藩），草野・草刈場（彦根藩），草刈山（人吉藩）がある。この呼称は草を刈る場であることはわかるが，刈った草の用途はわからない。

「まぐさ」と読む呼称としては，秣場（弘前藩・前橋藩），秣刈敷場（会津藩），秣野（高田藩），秣山（松代藩），馬草場（島原藩）がある。「まぐさ」は直接的には家畜の飼料を指すし，またほとんどが中部地方以北の藩で「まぐさ」の呼称が使われているので，この呼称の片寄りは，馬を飼育する農耕様式[9]との因果関係があるように思われる。

田に生のまま施用する草や枝を意味する「刈敷」が入る呼称としては，秣刈敷場（会津藩），刈敷山（高田藩磐城国白川郡飛地），「かしき場」（熊本藩）がある。

「薪」が入る呼称としては，薪取場（前橋藩と島原藩），薪山（高田藩・松代

藩・人吉藩）がある。

　このように近世の里山の呼称は地域ごとにさまざまであることがわかった。これは里山が各地域の農耕に深く関わり、村の資源循環の源泉として多様な利用と管理がなされていたことを意味する。それでは、里山は村の資源循環の中でどのような役割を担っていたか。村の資源循環の中における里山の位置付けをおこなってみたい。

第3節　村の資源循環と里山

（1）村の資源循環

　近世の村人は、歩いて日帰りできる領域内で資源をほぼ循環させて、農耕と生活を営んでいた。その中で里山はどのように位置付けられるか。図21を使って筆者の解釈を述べてみたい。なお、ここでいう資源の中には労働力すなわち人的資源を含む。

　近世から20世紀中頃まで、村の中を循環するさまざまな資源は、村人・田畑・里山・都市住民の4つの要素間でやり取りされていた。このうち村人と田畑と里山からなる領域が村である。

　田畑の生産力は村人が施用する肥料によって維持され、村人は田畑から種々の農産物を得て生活の糧にする。ここに村人と田畑間の資源の循環が成立する。村人が田畑に施用する肥料の素材を取得する場は、里山と都市であった。

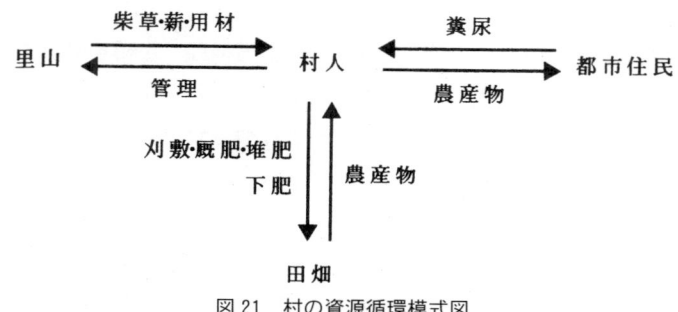

図21　村の資源循環模式図

（2）村人と里山間の資源循環

　肥料素材のひとつが柴草であり，それを採取する場所が里山であった。村人は里山に出かけて柴草を刈り，家に持ち帰った。持ち帰った柴草のうち，一部はそのまま田に施用した。これが「刈敷」と呼ばれる草木肥である。柴草をしばらく積み置いて糞尿などを加えて発酵させると，堆肥になる。また，草を牛馬に食べさせ，牛馬が食べない草は踏ませると，牛馬が出す糞尿と踏み草が家畜小屋の中で発酵する。これを取り出して積み置き，熟成させたものが厩肥である。こうして作った肥料を田畑に施用した。

　田畑の生産力を一定に保つためには，一定量の柴草がつねに必要である。そのためには，必要な量の柴草をつねに採取できるようにしておく必要がある。柴草は柴木と草の総称である。柴草がもっとも多く取得できるのは，植生の遷移でいえば草生地から初期の雑木林までの段階の場所である。したがって，村人は里山の植生につねに介入して遷移を抑えるか，止めるか，あるいは逆行させないと，一定量の柴草を採取することはできない。

　そこで村人は一定量の柴草をつねに採取できるように，里山の植生の遷移に介入した。村人が植生の遷移に介入するためには，人的資源すなわち労働力を投入せねばならない。里山の草木は自生しているので，村人の行為は栽培ではないが，不用な草木を除去して有用な草木が生育しやすい環境にする管理に当たる。村人は里山を管理するために，人的資源をつねに投入してきた。ここに村人と里山間の資源循環が成立する。

　村人による植生の遷移への介入の程度がより強ければ，里山は草生地になったし，弱まれば雑木林に近い状態まで遷移した。したがって，里山の植生が遷移のどの段階にあるかは，村人による介入の程度に強く影響を受けた。

　なお，里山から村人に流れた資源は，柴草の他に薪と用材があり，ともに柴草と同様，村人の里山管理によって一定量が採取されていた。

（3）村人と都市住民間の資源循環

　もうひとつの肥料素材は人間の糞尿であり，それを取得する場が都市であった。人糞尿は近世に入ってから広く使われるようになった肥料である[10]。糞

尿の取得量は人間の数によって決まるので，村人自身が排出する量は知れている。それに対して，都市が排出する糞尿の量は多い。また，糞尿は放置すると都市の環境を悪化させるので，都市住民は糞尿を速やかに都市から持ち出すことを望んだ。そこで都市近郊の村人は都市に糞尿を汲みに出かけた。

　村人にとって糞尿は肥料の素材であり，また20世紀初頭まで需要量が供給量を上回っていたので，都市住民の糞尿は売買の対象になる商品であった。そこで村人は農産物を持って都市に出かけ，溜置き式便所の糞尿を汲ませてもらったお礼に，都市住民に農産物を提供した。お礼が貨幣の場合もあったが，貨幣はもともと農産物を売って得たものであり，またその農産物は都市に搬入されたから，村人が都市住民に提供した資源は農産物であることに変わりはなかった。ここに村人と都市住民間に資源の循環が成立する。

　ただし，近代初期までは都市と都市住民の数は少なく，また糞尿と農産物の輸送手段が人と牛馬の背または川舟で輸送量が限られていたので，都市に糞尿を汲みに行く村の範囲は限られていた。近世後半の百万人都市江戸の糞尿供給圏はおよそ5里（20km），人口65,000人の城下町金沢の糞尿供給圏はおよそ1里半（6km）であった。そしてその範囲は，都市住民に生鮮農産物を供給する都市近郊農業地域の範囲でもあった[11]。したがって，図21に示す村人と都市住民との資源の循環は，都市に近い村だけに展開していた流れであり，かつその範囲内でも都市に近いほど循環する資源の量が多かった。

　図21には示さなかったが，村と都市の間にはもうひとつの資源循環があった。それは干鰯（ほしか）などの購入肥料と農産物のやり取りである。この場合の農産物は生鮮度を要求されない米や衣料などの加工品であり，上に述べた糞尿と生鮮農産物を交換する範囲よりはかなり広い。しかし，これら購入肥料の流通量は糞尿よりも少なく，里山から村に持ち込まれる柴草の量に比べると無いに等しい量であった。

（4）村の物質循環と里山

　図21は村の資源循環を表示している。四つの構成要素間で，資源は姿を変えて循環していた。ただし，村人から里山に流れる資源は，里山を管理する人

図22 村の物質循環模式図

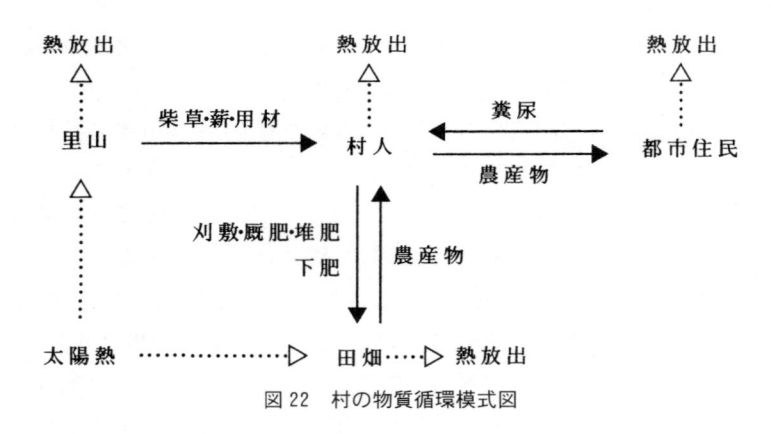

的資源すなわち労働力であって，物質ではない。

　それでは物質は村でどのように循環し，その中で里山はどのように位置付けられるであろうか。図22を使って筆者の解釈を述べてみたい。

　里山から持ち出される草木のうち，柴草は田畑に投入されてから，ここで農産物に姿を変えて，村人と都市住民の口に入った。そして未消化のまま人間が排出した糞尿は，下肥として再び田畑に投入されて，里山には戻ってこない。薪は村人に消費されて，空中に飛散するか，灰の形で田畑に投入されて，里山には戻ってこない。用材も最終的には薪になるので，これも里山には戻ってこない。しかも里山はつねに柴草と薪と用材を提供できるように村人から管理されて，植生の遷移を制御されたままである。

　すなわち，里山から村人が採取する草木は，里山から持ち出されると，残りの三つの要素間で姿を変えつつ循環して，里山には戻ってこないのである。持ち出し一方の里山の植生を支えていたのは太陽熱であり，里山は太陽熱で維持されていたが，里山は太陽熱が田畑と村人と都市住民の間でさまざまな物質に姿を変えつつ循環する地点に至るまでの，一方通行の通路に過ぎない。里山は，田畑と村人と都市住民が大気中に放出する熱の源泉を，柴草と薪と用材の形で提供してきたのである。里山は20世紀中頃までの村の物質循環を維持してきた動力源であったと位置付けることができよう。

第4節　20世紀中頃以前と以後の里山の位置付け

本章では，第一に近世の里山の呼称に関して次のことを明らかにした。
（1）近世の地方書『地方凡例録』が記載する里山の呼称である「萱野」「秣場」「原野」を各藩はほとんど使わなかった。
（2）各藩の里山の呼称はさまざまであるが，里山の地形を表現する「野山」と称する藩がもっとも多かった。
（3）里山で採取する対象と採取後の用途がわかる「草」「秣」「刈敷」「薪」の文字を使う呼称がいくつかあった。
（4）中部地方以北の藩で「まぐさ」と読む文字が入った里山の呼称が多く見られた。これは馬を飼育する地域の農耕様式と関係があるように思われる。

以上のことから，近世の里山の呼称はそこで採取する対象と採取後の用途にもとづくものもあったが，里山の地形を表す「野山」と称される場合が多かったことがわかった。これは，村の農耕と生活の維持のためにさまざまな用途に使われる里山を，為政者側が区別するに及ばずと考えていたからであろう。

　第二に，20世紀中頃まで村の資源循環の中における里山の位置付けをおこなった。

　近世から20世紀中頃までの村は，村人・田畑・里山・都市住民の4つの要素間で資源が循環することによって維持されていた。

　村人は集落を取り巻く里山に出かけて採取した草木を家に持ち帰り，家畜の飼料・草木肥の素材・屋根葺き用の萱・煮炊きと暖房用の燃料に使った。里山に自生する草木は村人の日常の生産と生活に不可欠の資源であったから，村人はこれらが絶えないように里山を周到に管理していた。里山の草木は自生する植物であるが，人間の手で有用な草木だけが選択されたうえに，つねに採取できるように生育状況を管理されていた。したがって，里山の植生がどの段階にあるかは，村人による里山への介入の程度に強く影響された。そして，里山から集落に一定量の柴草と薪と用材がつねに搬出され，その量を維持するための

人的資源を集落から里山につねに投入する，資源の循環が維持されていたのである。

　また，村の物質循環の中に里山を位置付けると，次のようになる。

　近世から20世紀中頃までの里山は，太陽熱を受けて柴草と薪炭材と用材になる植物を育成し，それらを村人に提供する役割を持たされていた．村の物質循環は，田畑と村人と都市住民の間で，肥料またはその素材と農産物のやり取りという形で成立していた．そして，循環する間に失われる物質は，村人が里山から一方的に補給していた．村人は村の物質循環の源泉である里山を管理し，農耕と生活を営んできた．すなわち，村の物質循環の視点からは，里山は村を存続させる動力源の役割を一方的に担わされるだけで，村の物質循環の外に置かれていたのである．

　さて，村の資源と物質は現在どのようにやり取りされているか．また，現在の里山はどのような位置付けにあるのだろうか．

　村人と里山との資源循環は，現在はほぼ消滅している．また，都市住民から村人への糞尿の流れもほぼ消滅し，糞尿は資源から廃棄物になってしまった．

　村の物質循環の動力源ではなくなった里山を，村人は管理しなくなった．そのために里山の植生遷移が進み，かつての草地は雑木林（陽樹林・落葉広葉樹林）へ，そして西南日本では常緑広葉樹林（陰樹林）に遷移しつつある．また，常緑樹を植栽した土地は，採算が合わないためにほとんど手入れされないまま，暗い林になっている．我々はこれを自然の摂理として，何もせずに受容してよいのか．現代人が取り組むべき課題である．

注
(1)　農林省編（1930-4）『日本林制史資料』全30冊，朝陽会．（復刻版，1971，臨川書店）．
(2)　古島敏雄編（1955）『日本林野制度の研究』東京大学出版会，247頁．
(3)　藤田佳久（1981）「入会林野のある村とない村—山村の村落構造と地域類型をめぐって—」地理学報告52・53，17-31頁．
(4)　石井実ほか（1993）『里山の自然をまもる』築地書館，171頁．
　　 田端英雄編著（1997）『里山の自然』保育社，199頁．
(5)　市川治（1986）「里山利用の存在形態」農村研究62，58-71頁．
(6)　有薗正一郎（1997）『在来農耕の地域研究』古今書院，175-194頁．

(7) 大石久敬（1791-）『地方凡例録』．（大石慎三郎校訂，1969，近藤出版社，上巻345頁）．
(8) 林野庁（1954）『徳川時代に於ける林野制度の大要』林野共済会，771頁．
(9) 市川健夫（1981）『日本の馬と牛』東京書籍，246頁．
(10) 渡辺善次郎（1983）『都市と農村の間―都市近郊農業史論―』論創社，388頁．
(11) 有薗正一郎（2007）『近世庶民の日常食』海青社，199-207頁．

第2部　農耕技術論叢

第6章　耕地の生産力を測る単位の変化について

第1節　耕地の生産力を測る2つの方法

　土地面積の単位を統一する事業は，日本では2回施行された。一度目は7世紀後半，班田収授法のもとで，360歩を1段，10段を1町とした時である。二度目は16世紀末に豊臣秀吉が全国で検地をおこない，30歩を1畝(せ)，10畝を1反，10反を1町とした時である。

　土地面積単位の統一は，土地の生産力に相応する徴税をおこないたい為政者にとって不可欠の事業であり，この二度の事業を契機にして，日本の土地面積は町反畝歩を単位にする表示法に収束していったとされている。

　土地のうち，農作物を育てる場である耕地の生産力を測る方法は2つある。ひとつは播種量または収穫量で表示する方法で，一定の播種量または収穫量に該当する面積はさまざまである。もうひとつは面積で表示する方法で，一定の面積当り生産力は想定値が使われた。前者は耕地が本来持つ生産力に依存していた時代に使われた方法，後者は人間の努力によって耕地の生産力をある程度制御できるようになった時代以降に使われるようになった方法である。単位面積当りこれだけの収穫が可能であるとの計算ができるようになるには，平準化された農耕技術が全国に及んでいるという前提が必要だからである。したがって，耕地の生産力を面積で測るようになってから後の時代は，農耕技術の地域

性が薄れてきた時代でもある。

　以上の視点に立って，この章では耕地の生産力を測る単位についての諸氏の解釈を記述した後，次の３つのことについての筆者の見解を述べることにする。
（１）耕地の生産力を測る単位が，蒔（播種量）や刈（収穫量）や塚（元肥施用量）などから，面積に移ったのはなぜか。
（２）なぜ，都から遠い地域に蒔や刈や塚などの生産力を測る単位が近年まで残ったか。情報と文化の周圏論で説明できるか。
（３）なぜ，畑では蒔や刈や塚などの生産力を測る単位が近年まで残ったか。

第２節　耕地の生産力を測る単位についての諸氏の見解

　蒔・刈・塚などは耕地の生産力を測る単位なので，これらを固定した比率で面積に換算することはできない。このことは徴税する側から見るとじつに繁雑な作業で，是正すべき課題であった。蒔・刈・塚などの呼称を面積に換算する呪縛にとりつかれた人々の例として，近世の行政担当者と20世紀の研究者から２人ずつあげてみたい。

　徳川家の直轄地飛騨国の代官を務めた長谷川忠崇は，地誌書『飛州志』[1]に次のように記述している。

　　按ズルニ此国ノ民ハ今世モ専束数ヲ称スルモノ多シ　既ニ己ガ所持スル田
　　畠ノ高反別ヲバ分明ニ心得ズシテ　何百束刈ノ地何十束刈ノ田ト云ヘリ
　　年毎ノ稲ノ豊凶ヲ語ルモ　五束刈ノ田ヨリ六束ヲ得　或ハ四束ニ及バズナ
　　ンドヽ云フ民ノ通語タリ（前掲（1）40頁）

大石久敬は地方書『地方凡例録』[2]で，生産力単位に「束苅」を使う地域をあげて，それぞれ何束苅が面積１反歩に当るかを記述し，従来生産力を「束苅」で表示してきた村で帳簿を面積に置き換える場合は慎重に換算するよう指示している。

　　往古ハ田畑高もなく　反別も一定せず　稲の束数を以て田数とす　今も片
　　鄙の遠境に無高無反別の村など　何拾苅何百苅と束数にて反歩を分る処あ
　　りて至て古法なり（前掲（2）上巻116頁）

若し右様無反別の村方検見等あるか　何ぞ反別に入用の節ハ　其村々にて束苅の通法を篤(トク)と相糺し取計ふべし（同119頁）

　寺尾宏二は『日本賦税史研究』[3]の「束苅考」（前掲(3) 87-136頁）で中世の束苅の事例を拾い，刈や苅と呼ばれた田地丈量の単位は束苅の略称と考えられ（同105頁），束苅とは収穫量のことで（同116頁），収穫量（束）と収穫形態（苅）を田積丈量の単位として使った（同127頁）と記述している。また,「苺」は収穫量を想定した生産力単位であろう（同119頁）と記述している。

　歌川学[4]は,「苅」「苺」は日本における丈量単位のもっとも原始的な形態であり，その後生産力の高い地域で単位面積当り収穫量がほぼ一定してくると，面積に換算しうる単位として使われた（前掲(4) 57頁）との仮説を提示している。

　現在でも寺尾と歌川による刈と苺に対する解釈を採る研究者が多いように思われるが，いずれも徴税する側の視点からの解釈である。

　それに対し，相模国高座郡上相原村（現在の神奈川県相模原市相原）小川家の1815（文化12）年〜1951（昭和26）年の営農記録に記載されている「塚」を例にして，生産者の側からの見解を提示したのが，座間美都治[5]と加藤隆志[6]である。なお，1870（明治3）年の小川家の経営耕地28町歩のうち田は1反2畝21歩（前掲(5) 148頁）で，この営農記録は畑作地域の営農状況がわかる記録である。

　座間美都治は，この営農記録が作物の播種量・施肥量・収穫量を示すのに使う「塚」という単位は，播種時に堆肥にさまざまな肥料を加えて畑に塚状に積む姿から出た呼称で，耕作の量を便宜的に示す単位であって，1塚の肥料の量は作物や地味によって異なると述べている。そして，平均すると5塚が1反歩になるが，土地の肥瘠によって差異が大きく，面積に換算する作業は意味がないことを指摘している（前掲(5) 413-414頁）。

　加藤隆志は，単位面積当り塚数は耕地ごとに異なること（前掲(6) 42頁），畑作物の種子を肥料に混ぜて播種する慣行が「塚」呼称と深い関係があること（同43頁），塚はその家で用いられた私的な単位であること（同48頁），近世・明治期には「塚」呼称のみが使われ，大正期には「塚」呼称と面積単位が併用

され，昭和中頃には「塚」呼称はほとんど使われなくなったこと（同49頁），面積単位は水田から先に使われるようになったこと（同54頁），土地登記や小作地などの他家と関わりがある文書には明治期から面積単位を使っていたこと（同51頁）を指摘し，面積単位の広まりは学校教育と試験場などの技術指導の影響がある（同53頁）と述べている。

　すなわち，座間と加藤は，「塚」は耕地の面積を示す単位ではなく，耕作の量を示す単位で，私的な性格を持つことを提示しているのである。

　また，牛島史彦[7]は，加藤隆志が『長野県史』など長野県内で刊行された文献から拾った耕地の面積表示単位についての報告[8]を踏まえて，民俗学の視点から，九州南部で使われていたツカとマキという農作の単位慣行について，聞き取りにもとづいて報告をおこなった。そして，「公的な面積や公定升の単位概念を……（生産者の）作業の具体性に則して読み替えたのがツカやマキのような慣行的単位であり」（前掲（7）105-106頁），「ツカとマキの慣行は，おもに地味が規定する容量表示で田畑の広がりを表示させる方法であり，容量表示と面積表示との関係によって地味も表示される方法だった」（同105頁）との結論に至っている。

　ツカやマキは生産者（徴税される側）から見た地味（生産力）の表示法であることを，牛島は指摘しているのである。また，牛島は，単位面積当り生産力が低かったヨーロッパでは，生産力を測る単位はマキと同じ概念である播種量当りの収穫量しかなかったが，単位面積当り収穫量を高める技術が追求された近世以降の日本では，ツカを例とする施肥量でも生産力が測られていたことを指摘している（前掲（7）96頁）。この指摘は卓見である。

　ただし，公的な面積や公定升が先にあって，ツカやマキは公的な面積や公定升の読み替えであるとする牛島の見解には，筆者は賛同できない。筆者は，「塚」や「蒔」などの生産力単位のほうが公的な面積や公定升よりも先にあり，かつ近年まで使われ続けたと考えるからである。これについては次節で記述する。

　近世に蒔・刈・塚などの生産力単位を使っていた地域はどこに分布していたか。図23に『日本農書全集』に収録された農書類が記載する生産力単位を拾って，その分布を示した。また，表6は該当箇所の記述一覧で，成立年の古い順

第6章 耕地の生産力を測る単位の変化について 95

生産力単位に「蒔」
を使う農書類の分布

生産力単位に「刈」「束刈」
を使う農書類の分布

生産力単位に「塚」
を使う農書類の分布

生産力単位に「摘」「一俵地」「代」
を使う農書類の分布

○ 田の生産力単位に「蒔」を使う農書類
● 畑の生産力単位に「蒔」を使う農書類
◎ 田と畑の生産力単位に「蒔」を使う農書類

□ 田の生産力単位に「刈」「束刈」を使う農書類
■ 畑の生産力単位に「刈」「束刈」を使う農書類
◨ 田と畑の生産力単位に「刈」「束刈」を使う農書類

◆ 畑の生産力単位に「塚」を使う農書類
◇ 田と畑の生産力単位に「塚」を使う農書類

△ 田の生産力単位に「摘」を使う農書類
● 畑の生産力単位に「一俵地」を使う農書類
▼ 田と畑の生産力単位に「代」を使う農書類

図 23　生産力単位呼称を使う農書類の分布
図中の番号は表6左端の番号である。

表6 『日本農書全集』で翻刻された農書類が記述する耕地の生産力の諸単位

番号	1行目：農書類の名称（成立年・国名・『日本農書全集』の該当巻） 2行目以降：該当する記述
一	『農業全書』（1697 ― 12巻） （稲の）苗代地の事　糞しに草を入る事　一斗蒔に付十把ほど　なをも瘠地ならバ凡一斗蒔の地に　桶糞を一荷或半荷入るもあるべし（140頁）
1	『賀茂郡竹原東ノ村田畠諸耕作仕様帖』（1709年　安芸　41巻） （早稲苗代の）籾壱斗蒔ニげすこゑ三荷ほと入（8頁）
2	『農業家訓記』（1731年　尾張　62巻） 水田打手間の事　壱人して廿刈より廿四五束刈　土により十五六束かり程可打　大体打よき田を念の入深クうたハ廿刈也（335頁） 田植上手ハ一人して三十刈　中廿刈程　新さらし田抔ハ十束刈より十四五束刈迄（354頁） 麦刈　壱人して壱斗蒔より一斗弐三升蒔まて可刈　かりにくき麦ハ　七八升蒔も可刈（346頁） 小麦取実の事　大麦一升蒔の場にて　上壱斗四五升　中一斗程也（347頁） あらし畑　一人して一升五合蒔より弐升蒔程可打（375頁）
3	『家訓全書』（1760年　信濃　24巻） 田打事　あら打大舛弐升蒔　うね返しハ三升蒔打也（285頁） 畑打事　大麦八升蒔位可打（285頁） 畑壱反作入用　壱反ハ大麦壱斗五升舛蒔　是ハ上地也　五塚也　此取石弐石（326頁）
4	『物紛』（1787年　土佐　41巻） （苗代に）籾五斗蒔んと思ハヾ　地弐拾代拵へべし（62頁） 唐芋作　壱反作れハ　種ふせるに床五代程（98頁）
5	『村松家訓』（1799-1841年　能登　27巻） （苗代の）下肥土ハ本のげす下籾壱斗蒔に四桶作り　けす下ハ五桶たるべし（42頁） 苗立能田ハ壱斗蒔ニ小便壱斗二升　甚悪敷田ハ二斗四五升迄灌へし（48頁） 蔵より出し候肥物有之ハ戸前へ先二百かり分斗出置（80頁）
6	『やせかまど』（1809年　越後　36巻） 当家は僅か稲六百束刈手作にて　家来二人先代より同し（192頁）
7	『社稷準縄録』（1815年　相模　22巻） 岡稲蒔　一ツカニツキ下糞味噌蚕糞合而片桶　種八合（350頁） 摘田　一升摘種八合　一升摘ニツキ荏玉酒カす二升ズヽ合四合（350頁） 稗蒔　八さる糞　八升蒔〆廿四さる（351頁）
8	『農業耕作万覚帳』（1822年　信濃　39巻） （木綿は）壱俵地ニ付綿実壱貫匁ツヽ之積にて　拾俵地作り候時ハ拾貫置（146頁） （木綿畑）弐拾刈ニ三尺溜壱本引也（147頁） 屋敷田百廿刈作苗間（148頁）

第 6 章　耕地の生産力を測る単位の変化について　　97

　　　（苗代の）苗間蒔候坪数ハ　籾壱升蒔ハ（148 頁）
 9　『北越新発田領農業年中行事』（1830 年　越後　25 巻）
　　（稲の）種子ハ百束刈に四升ヨリ七升位下し（194 頁）
10　『農要録』（1835 年　肥前　31 巻）
　　田刈ハ一日ニ沼田ハ上手ノ者四升蒔位カル也（271 頁）
　　小川島ニテ大麦壱升蒔ニ上作四斗出来ル由（281 頁）
11　『年々種蒔覚帳』（1837 年　相模　22 巻）
　　（陸稲）四月十三日蒔　四月中より五日前　種壱塚ニ付壱升（368 頁）
　　（ワセ麦と九合麦の収量）壱塚ニ付四斗九升五合三勺ツヽ取（399 頁）
12　『耕耘録』（1834 年　土佐　30 巻）
　　一代　六坪　十二畳敷（14 頁）
　　（田の代掻き）農夫弐人立　牛馬弐疋入て　終日ニ弐反三拾代を墾畢（38 頁）
―　『西村外間筑登之親雲上農書』（1838 年　琉球　34 巻）
　　一俵所畠敷八十坪三切に相拵（105 頁）
　　十俵所にて飯料之賦有之候はゞ（109 頁）
13　『肥後国耕作聞書』（1843 年　肥後　33 巻）
　　唐芋苗床多く仕調候　壱人前ニ五つ塚当なり　五人家内は弐拾五塚作る也（240 頁）
14　『軽邑耕作鈔』（1847 年　陸中　2 巻）
　　（稲の）種壱石六斗八千刈分也（13 頁）
　　田打は百刈を弐人にて耕すによろし（15 頁）
　　（田稗）種弐斗弐升　千刈分也　百刈分ならバ四升位蒔べし（29 頁）
15　『自家業事日記』（1849 年　因幡　29 巻）
　　早稲中稲晩稲の内ニ而も出来がたき物には　五升蒔ニ糞壱荷宛　其外ハ六升蒔に壱荷宛致し可申（126 頁）
16　『除稲虫之法』（1856 年　羽後　1 巻）
　　四方堰川の間なる田地数百刈あり　百刈の田地へ油二三合も入て（虫を）除く事の由（349-350 頁）
17　『東道農事荒増』（1860 年　信濃　61 巻）
　　（信濃国本海村では）上田壱反壱畝拾弐歩　分前高壱石七斗壱升　但シ四升蒔　尤此辺ニてハ何升蒔といふヲ肝要とす（441 頁）
18　『農具揃』（1865 年　飛騨　24 巻）
　　田一反歩を六十刈といふ　一反七畝を以て百刈と唱　畑一反歩を壱斗蒔といふ（75-76 頁）
　　田畑の収穫別条なし　やハり昔も今も平均百刈十俵といふべし（92 頁）
19　『菜園温古録』（1866 年　常陸　3 巻）
　　一升蒔は田方三畝歩なり　畑方二畝歩なり（261 頁）
　　田畑一升蒔同断　一塚二塚と唱ふと雖も　畝歩員数違ふ　其村に入て尋ね問べし

	一様ならず（261頁）
20	『久住近在耕作仕法略覚』（年代未詳　豊後　33巻） （田植の）植手間は壱人にて五升蒔宛（165頁）

注）各農書類が記述するの該当箇所は他にもあるが，文章としてわかりやすい箇所を拾って記載した。
　　番号欄に一をつけた農書類は，図23に記入していない。国名欄の一印は，国名を特定できないことを示す。聞き書き農書は，聞き取った場所の国名を記載した。

に並べてある。表6の左端の番号を図23の該当地に記入してあるので，対照されたい。図23から，生産力単位の分布を次のように読み取ることができる。

「蒔」呼称は中部地方・関東地方・中国地方・九州地方に分布していた。「刈」「束刈」呼称は中部地方と東北地方に分布し，田で使われた事例が多い。「塚」呼称は常陸国・相模国・信濃国・肥後国の農書で使われ，畑の事例が多い。「摘」「一俵地」「代」は1事例ずつある。4枚の図で共通するのは，農耕技術の先進地であった畿内での事例がまったくないことである。

ちなみに，図24は飯沼二郎[9]が中世末に町段歩以外の耕地の広さを示す単位を使っていた国を列挙した註（前掲（9）26頁）にもとづいて，筆者が「蒔」

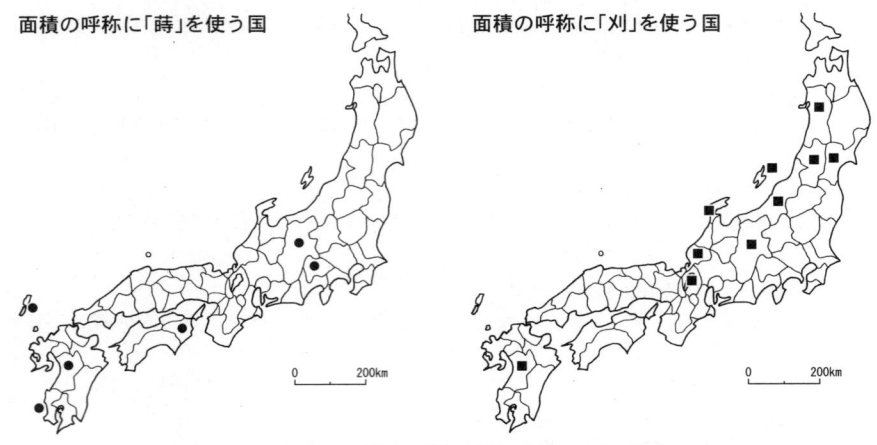

図24　面積の呼称に「苅」「蒔」を使う国の分布
『石高制の研究』[9]の26-27頁から筆者作成。

と「刈（苅）」の分布を示した図である。図23と図24を対照すると，「蒔」と「刈（苅）」を使っていた国の分布は中世末と近世とで変わっていないので，「蒔」と「刈（苅）」を耕地の生産力単位に使った国の分布は中世末まで遡りうることがわかる。

したがって，蒔や刈や塚などの生産力単位から面積単位への移行は，農耕技術の発展段階と関わっていると考えられる。このことについての筆者の考えを次節で述べてみたい。

第3節　耕地の生産力を測る単位はなぜ変化したか

耕地の生産力を測る単位の表示法は，7世紀後半の班田収授法施行以来，蒔・刈・塚などから面積（町反畝歩）へ，約1,300年かけて変化したと筆者は考えている。そして，はじめの約1,000年間は，面積で表示する方法は徴税する側の帳簿の上で使われるにとどまった。残り300年のうち，田では生産力を測る単位として農民も面積を早い時期から使いはじめたが，畑では20世紀前半まで蒔・刈・塚などの生産力表示法を使う地域があった。

それは，農耕技術の発展によって単位面積当り生産力の平準化が可能になり，耕地の生産力を面積で測れるようになったからである。いわば「天恵の生産力から人為の生産力へ」移ったことを意味している。かつその時期は，田が今から300年前以降，畑は100年前以降であった。蒔は播種量，刈は生産量，塚は元肥施用量を指すが，生産力を面積で表示しない点では共通している。ここでは蒔を使って，上記の内容を説明してみたい。

「蒔」は播種量当りの生産力を測る単位である。生産者は生活するのに必要な農産物の量を経験で会得している。農耕技術が耕地の生産力を確実に向上させる段階に至っていない場合は，耕地が元来持つ生産力の合計が，1年間生活するのに必要な農産物の量になるが，耕地の肥瘠度は千差万別なので，一般には農作物の種は肥えた耕地では薄蒔きし，瘠せた耕地では厚蒔きする。したがって，面積は同じでも耕地ごとに播種量は異なることになる。これが蒔の概念で，本来面積に換算できる単位ではない。ましてや，平均すると「～蒔」は「～

畝」になると計算することは意味がない。座間美都治が塚について「厳密に土地の面積を示すものではなく，耕作の量を便宜的に示すもので，土地の肥瘠の関係により塚数の多少を生じる」(前掲 (5) 413 頁) と指摘しているのと同様に，蒔も播種量当りの収穫量を想定した単位なので，耕地の肥瘠によって播種量が異なるのは当然である。

　人間による介入の程度に応じて耕地の生産力を改変できる技術段階になるのは，近世中頃のことであった。この時期以降，肥培管理技術の向上により，単位面積当り収穫量を増やす技術が創出され，農書と呼ばれる営農技術書や新たな技術を会得した人々からの口伝を媒体にして，それらの技術が普及し始める。この技術が普及すれば，収穫量の平準化が可能になるので，農民は単位面積当り収穫量を予測できるようになる。また，徴税する側は収穫量に応じた何段階かの課税基準を設定すればよいので，徴税システムが簡便になる。

　まず農耕技術の平準化が進んだのは田のほうであった。米の収穫量が経済の尺度に使われたので，支配する側もされる側も稲の肥培管理技術の向上を図った。そのため，豊臣秀吉の検地以来広く使われるようになった 1 町 = 10 反 = 100 畝 = 3,000 歩の面積単位を，耕地の生産力を測る単位として使うことができるようになり，単位面積当りの「石盛」と「斗代」で表現される簡便な課税基準が全国に行き渡ることになったのである。

　しかし，生産力が低く，作付される農作物の種類が多い畑に対しては，支配する側の関心が田よりも低かった。また，徴税される農民側も，田ほどは単位面積当り収穫量を増やす技術の向上に関心を示さなかった。これが 20 世紀前半まで畑に蒔・刈・塚などの生産力を測る単位が残った理由である。さらに，近世までの経済の中心地であった畿内から離れるほど肥培管理技術の水準が低かったので，蒔・刈・塚などの生産力単位が広く使われ続けたことは，前節で図 23 を使って説明したとおりである。

　耕地の生産力を測る単位は，耕地の生産力への人間の介入が強まり，一定の面積から一定の収穫量を予測できるようになる近世以降，徴税される農民たちも蒔・刈・塚などで表示する生産力単位から，町反畝歩で表示する面積単位を使うようになっていった。かつその時期は，肥培管理技術の平準化が早く進ん

だ田のほうが，畑よりも早かったのである。

第4節　蒔・刈・塚が近年まで残った理由

　蒔や刈や塚は耕地の生産力を測る単位であった。これらは一定の収穫量を想定した単位であり，その量を得るための面積は耕地ごとに異なるので，これらの単位を使う農民には面積の概念は不要であった。蒔や刈や塚は本来，面積とは関わりのない単位なのである。したがって，広い領域から一律の基準で徴税したい支配者は，耕地ごとに生産量が異なるこれらの単位を徴税の基準に使わなかった。

　古代大和王朝は耕地面積を基礎に置く班田収授法と徴税法を採用し，制度上は1町＝10段＝3,600歩を面積単位とし，地目ごとに課税率を設定して徴税する方式が全国一律に施行されることになった。しかし，面積単位は帳簿上で使われただけで，農民はそれぞれの地域で踏襲してきた生産力を測る単位を使い続けた。この状態は中世末まで続いた。ただし，8世紀以降施工され始めた条里地割内の田は面積が明らかなので，面積を単位にする徴税がおこなわれたであろう。

　面積を生産力を測る単位に使うシステムが全国に広まる契機は，16世紀末に豊臣秀吉がおこなった検地であった。そして，人間の努力で耕地の生産力を改変でき，単位面積当り生産力を平準化する農耕技術が確立した近世には，耕地面積を生産力の単位に使うシステムが農民の間にも浸透していった。

　しかし，都を技術と文化の中心と見なした場合の周縁地域では，生産力の差と課税の基準が明確でなかった畑で，蒔や刈や塚などの生産力を測る単位が20世紀前半まで使われてきた。

　さて，知識人たちは蒔や刈や塚などの生産力を測る単位がどの程度の面積に当るのかを議論してきたが，それらの議論は徒労であったと筆者は考えている。

　生産力を測る概念がまったく異なる単位を，強いて面積に換算する意味はない。それではなぜ，知識人たちは苦労して史料を集める努力をしたのか。それは，意識したかどうかを問わず，徴税する側の人々と同じ視点に立っていたからで

あろう。徴税する側は，面積だけが生産力を一律に測れる単位なので，さまざまな生産力単位を面積に換算する必要があった。そして，知識人たちも，徴税する側の視点から史料を集めて議論したのである。

しかし，蒔や刈や塚などの生産力を測る単位を面積に換算できても，それらの単位が使われた時代の農法や農民の暮らしぶりはわからない。これが，筆者が知識人たちの努力は徒労だったと述べた根拠である。蒔や刈や塚など生産力を測る単位は，それらが使われた地域固有の性格を表現する事象として使う程度にとどめるべきであろう。

次に，「はじめに」で箇条書きした3つのことへの解釈を記述して，この章を閉じたい。

（1）耕地の生産力を測る単位が，蒔（播種量）や刈（収穫量）や塚（元肥施用量）などから面積に移ったのは，人間の努力によって単位面積当り生産力を平準化する農耕技術が全国に普及したからである。時期は16世紀末以降で，技術の平準化が早く進んだ田のほうが畑よりも先に面積で表示するようになった。

（2）都から遠い地域に蒔や刈や塚などの生産力を測る単位が遅い時期まで残ったのは，空間配置の視点からは情報と文化の周圏論で説明できるが，むしろ地域固有の性格を表現する事象として位置付けるにどめるべきであろう。

（3）畑で蒔や刈や塚などの生産力を測る単位が近年まで残ったのは，畑は田よりも単位面積当り生産力が低く，かつ生産力を平準化する技術の普及が進まなかったために，田と比べると課税のための生産力評価が難しく，徴税する側の干渉が遅れたからである。

この種の議論は主張者の説を裏付ける史料がないので，議論が進んで行かない。この章で記述した筆者の説も，農耕技術の地域性を明らかにする作業を30年余り積み重ねる過程で得たものであり，これを裏付ける史料はない。それでも，筆者は説得性のある説だと考えている。読者諸氏のご批判を待ちたい。

注
(1) 長谷川忠崇（1728-）『飛州志』．（博文館翻刻，1930，『紀行文集』22，博文館，350 頁）．
(2) 大石久敬（1791-）『地方凡例録』．（大石慎三郎校訂，1969，近藤出版社，上巻345 頁）．
(3) 寺尾宏二（1943）『日本賦税史研究』光書房，425 頁．
(4) 歌川学（1949）「中世に於ける耕地の丈量単位」北大史学２，37-58 頁．
(5) 座間美都治（1980）「社稷準縄録・年々種蒔覚帳・解題」『日本農書全集』22 所収，農山漁村文化協会，402-422 頁．
(6) 加藤隆志（1997）「面積表示単位の消長—「塚」を巡って—」民俗学論叢 12，41-57 頁．
(7) 牛島史彦（2005）「農作の単位慣行について—九州南部のツカとマキ—」日本民俗学 243，94-107 頁．
(8) 加藤隆志（1989）「耕地の面積表示—長野県内の事例を中心に—」信濃 41-1，38-52 頁．
(9) 飯沼二郎(1974)『石高制の研究—日本型絶対主義の基礎構造—』ミネルヴァ書房，214 頁．

第7章　近世以降における農業革命の時期設定試論

第1節　農業革命概念についての諸氏の見解

　誰が農業革命という用語を最初に使ったのか，筆者は知らない。近代イギリスの産業革命によって増えた都市居住者の農産物需要，とりわけ食用農産物需要の増加に対応するために，農業生産力が飛躍的に増大した現象を，経済史学者たちが「農業革命」と呼ぶようになったようである。

　サースクは『1500〜1750年のイングランドにおける農業地域と農業史』[1]の第4章「農業技術の革新－農業革命とは何か？」で，「それまでまったく見たことがないような農業生産の方法が生みだされるまでの過程を説明するために，農業革命という用語は用いられる」(前掲 (1) 58頁) と記述している。

　しかし，筆者が知る限り，誰が農業革命という用語を初めて使ったのかを記述した文献はない。また，イギリス農業革命の担い手とされるタルやタウンゼントやベイクウエルやヤングの著書にも農業革命という用語は出てこないようである。

　チェンバースとミンゲイは『1750〜1880年の農業革命』[2]を著作している。この著書の中に農業革命の定義は見当たらないが，「はしがき－農業革命の展望－」(前掲 (2) 1-14頁) の記述内容を要約すると，農業革命とは「機械化による作業能率の向上ではなく，飼料作物を含む輪作によって，地力の維持増進と飼育家畜数の増加を実現する過程」である。

　オーバートンは『イングランドの農業革命－1500〜1850年の農業経済の変化－』[3]の第1章「農業革命」の冒頭で，「農業革命について一般的な合意に達しているのは，なんらかの技術的変化が見られたことであるが，何が重大な

変化であったかについては合意が得られておらず,『農業革命』の年表を作る段階までは程遠い。確定した概念がないためであるが,1500年から1850年までの3世紀半にわたるイングランドの農業と経済の発展を理解するためには,何を重視すればよいかの議論が未だに続いている」（前掲（3）1頁）と述べている。そして,258ページを費やしたこの著書にも,農業革命概念の定義は明記されていない。農業革命の本家では,その概念がまだ定まっていないようである。

小松芳喬は1961年の著書『イギリス農業革命の研究』[4]の冒頭で,経済史学者は「中世的農業経営の近世的農業経営への移行に際して,時期こそ一様ではないが,大多数の国国に発生したところの,農業技術および農業慣行の変革を伴う土地配分の急激な変化を「農業革命」と称している」（前掲（4）1-2頁）と記述している。そして,土地配分の急激な変化に注目した小松は,アシュリが提示したという1470～1530年と1760～1830年の農業革命の2つの時期のうち,1470～1530年におこなわれた第一次インクロウジャをイギリス農業革命のもっとも顕著な現象であると考え,1470～1530年の農業革命についての研究成果を『イギリス農業革命の研究』にまとめた。

新農法の普及による農業生産の飛躍的向上は,近代イギリスだけでみられた現象ではない。

飯沼二郎『日本の古代農業革命』[5]には,フランスの歴史家ドゥビイが中世農業革命の仮説を提示していることが記述されている。飯沼によると,ドゥビイは「北ヨーロッパにおけるムギ作の二圃式から三圃式への転換が,同時に村落共同体と封建制の成立をも導いた」（前掲（5）iii頁）との仮説を提示しているようである。冬小麦作と保水のための休閑を組み合わせる冬雨地域起源の二圃式農業から,アルプス山脈よりも北のきわだった乾季がない地域における,冬小麦と除草のための休閑に夏大麦を組み合わせる三圃式農業への転換（同126-127頁）は,農業生産力の増大をもたらしたであろう。

ワトソンは論文「700-1100年のアラブ農業革命とその拡散」[6]で,冬雨地域ゆえに冬作物地域である中近東から地中海沿岸に及ぶアラブ世界において,700～1100年頃に灌漑をおこなうことによって夏作物も作付する農法が普及

して農業生産力が飛躍的に増大したことを記述し，この技術革新を「アラブ農業革命」と呼んでいる。この時期にアラブ世界で作付されるようになった稲やサトウキビなどの食用作物 16 種類と衣料作物の木綿(わた)のうち，大半は夏雨地域から持ち込まれた夏作物であった（前掲 (6) 9 頁）。

　時期と地域はさまざまであるが，新農法が新しい農村社会に普及して農業生産力が飛躍的に増大したことでは一致しており，歴史家たちはこれら一連の過程を「農業革命」と称してきたようである。

第 2 節　飯沼二郎の農業革命論

　日本で農業革命の概念と取り組んできたのが飯沼二郎である。飯沼は『増補 農業革命論』[7]の冒頭で，農業革命の研究をはじめた理由を「敗戦直後，日本中が餓死状態にあったとき，自分をふくめて，日本中の人が腹いっぱい食べるにはどうしたらよいか，と考えたのが，私の研究の出発点であった」（前掲 (7) 1 頁）と記述している。農業革命論は飯沼の空腹体験から生み出された成果であるがゆえに，その内容には読者を納得させる根源的な力がある。

　徳永光俊は「飯沼農業理論の展開－風土と農業革命－」[8]で，『農業革命論』第一版（1956 年）以降，飯沼が農業革命概念をどのように深めてきたかについて論じている。徳永は筆者と同世代の人々の中では，飯沼の研究内容と飯沼が主張したかったことをもっともよく知る人である。筆者は徳永論文に加える情報を持たないので，40 年に及ぶ飯沼の農業革命論の展開を知りたい読者は，徳永論文をご覧いただきたい。ここでは，飯沼の農業革命論の中で，次節で筆者が農業革命の時期設定作業をおこなうのに参考になる部分についてのみ記述することにしたい。

　飯沼が『農業革命論』で農業革命の概念を定義する文言は，1956 年の第一版と 67 年の第二版[9]では異なる。飯沼の主張内容に変わりはないが，第二版の「農作業体系（地力維持体系）そのものの変革，したがって農村社会そのものの変革によってもたらされる，農業生産力の飛躍的な発展のプロセス」（前掲 (9) 156 頁）という文言のほうが，筆者にはわかりやすい。しかし，この定

義は，農作業体系の変革と農村社会の変革によって農業生産力が飛躍的に発展する過程を「農業革命」としていることはわかるが，農作業体系の変革と農村社会の変革の前後関係がわからない。同じ第二版の文章の中でそのことがわかるのが，次の記述である。

飯沼は北西ヨーロッパにおける18世紀と19世紀の農業の発展段階について，中世の三圃式農業に代表される穀物段階から1段階進んだ「牧草段階から根菜段階への移行の過程は，村民の相互扶助・相互規制的な団体主義から自由放任的な個人主義への移行，自給自足的小農から資本制的大農企業への移行の過程であった。換言すれば，非中耕的な農作業体系のなかに，耕地における中耕という従来，非中耕地帯ではまったく行われたことのなかった農作業がはいりこむことによって，輪栽式という新しい農法が生み出され，さらにそれを受け入れるための新しい農村社会が生み出されることによって，農業生産力が飛躍的に増大した過程であった。まさに，「農業革命」とよばれるにふさわしい」（前掲（9）170頁）と記述している。

この記述から，飯沼は［新しい農法の創出⇒新しい農村社会の創出⇒新しい農法の新しい農村社会への普及⇒農業生産力の飛躍的増大］の過程を農業革命と定義していることがわかる。農業革命とは，あることがらが次のことがらを生み，次のことがらがさらに次のことがらを生み出していく，因果関係で説明される4段階の過程なのである。

飯沼は1975年に『農法展開の論理』[10]に掲載した論文「近代日本における農業革命」（前掲（10）67-90頁）の冒頭で，「農法そのものの変革と，それにふさわしい新しい農村社会の創出による，その新農法の急速な普及，農業生産力の飛躍的発展の過程を「農業革命」とよびたいとおもう」（同67頁）と記述し，農業革命は上記の4段階の過程であることを明記している。この定義が，飯沼の農業革命の定義として，世上に流布することになる。

しかし，1985年に刊行された大著『農業革命の研究』[11]では，ふたたび農業革命概念の明確な定義がなされておらず，読者の整理力にゆだねる形に戻っている（前掲（11）65-76頁）。

さて，自分も含めた敗戦直後の日本人の腹を満たすために日本における農業

革命の可能性とあり方を明らかにしようとした飯沼が，なぜ北西ヨーロッパ，とりわけイギリスの農業革命から研究を始めたか。それは「世界における農業革命のモデルだと考えられているイギリス一九世紀の農業革命を研究し，それとの比較において，日本の農業革命の可能性と在り方を明らかにしようとした」（前掲（7）1頁）からである。

　それでは，北西ヨーロッパで見られた農業革命と同じような事象が日本でも見られたか。飯沼は，5世紀頃の古代と19世紀後半の近代の2回，日本では農業革命と呼ぶにふさわしい事象が見られた時期があったとの説を提唱した。

　飯沼は19世紀後半の農業革命のほうから先に提示している。すなわち，1975年の論文「近代日本における農業革命」の結論にある，19世紀後半の「産業革命による農産物とくに米にたいする社会的需要の急増にともなって，耕地整理された耕地の中に，抱持立犂ついで短床犂に支えられて福岡農法が普及していく過程こそ，日本の農業革命であったということができよう」（前掲（10）89頁）との記述がそれである。福岡県の林遠里らが普及させようとした乾田馬耕技術を，飯沼は［福岡農法の創出⇒近代農村社会の創出⇒福岡農法の全国への普及⇒農業生産力の飛躍的増大］の過程として位置付けたのである。しかし，徳永光俊は，佐藤常雄[12]が甲府盆地の近世中期から現代までの稲の坪刈帳を使って検証した稲作生産力の推移によれば稲の生産力は1960年代から急上昇することを理由に，飯沼が提示した近代農業革命は幻想であると否定している（前掲（8）45-48頁）。

　次に，飯沼は1980年に刊行した著書『日本の古代農業革命』で，「日本古代の五世紀における中干法の導入と，強大な国家権力の創出の過程をみると，それは「農業革命」とよぶにふさわしいもののようにおもわれる」（前掲(5)214頁）と，5世紀にも農業革命があったとの説を提起している。

　飯沼の著書の論旨を要約すると，弥生時代に伝わった水田稲作はつねに水が溜まった状態の低湿地での稲作すなわち常湛法であったが，中耕保水農法をおこなっていた中国華北で創出された水のかけひきができる田での中干法が5世紀頃に日本に伝わり，またこの時期に鉄製の鍬・犂・鎌が広く使われるようになって作業能率が向上したことが加わり，稲の収穫量が飛躍的に増大した。中

干法は土木技術の発達と周到な肥培管理の裏付けのもとで普及する。また，鉄製農具は支配者層が農民に貸し出す方式で使われたので，支配者層の力が大きくなり，さらにそれらが統合されて強大な大王(おおきみ)の国家（河内王朝）を生み出したというのである。

したがって，5世紀の古代農業革命は，［中干法と鉄製農具を組み合わせた乾田農法が中国華北から伝わる⇒大王を頂点にする農村社会の成立⇒新しい稲作法の普及⇒稲の収穫量の飛躍的増大］の過程を経て成就したと考えられる。この過程で稲の収穫量がどの程度増大したかは測りがたいが，筆者は説得性のある仮説だと思っている。

ここまで筆者が記述したことを読者諸氏に端的に理解していただくために，飯沼が説く北西ヨーロッパと日本の2つの農業革命の過程と，ワトソンが説くアラブ農業革命の過程を流れ図（図25）に示した。飯沼説は農業革命の過程が因果関係で結ばれていることがわかる。

さて，徳永光俊は論文「飯沼農業理論の展開－風土と農業革命－」の末尾を，

```
18～19世紀の北西ヨーロッパ（飯沼説）
         輪栽農法の創出
              ↓
保有地を囲い込んで自分の意志で輪作を
おこなう農業経営者が住む散村の創出
         輪栽農法の普及
              ↓
      農業生産力の飛躍的増大
```

```
8～11世紀のアラブ世界（ワトソン説）


冬作物生産に加えて，夏作物を灌漑で生産
する農法の普及
              ↓
         生産力の飛躍的増大
```

```
5世紀の日本（飯沼説）
中国華北から中干法と鉄製農具を組み合
わせた乾田農法が伝わる
高度な土木技術と鉄製農具を持つ大王を
頂点にする農村社会の創出
         新しい稲作法の普及
              ↓
      農業生産力の飛躍的増大
```

```
19世紀後半の日本（飯沼説）
   乾田馬耕をおこなう福岡農法の創出
              ↓
   福岡農法を受け入れる近代農村社会の創出
              ↓
         福岡農法の普及
              ↓
      農業生産力の飛躍的増大
```

図25　4つの農業革命説における農業生産力の飛躍的増大に至る過程の模式図

新たな日本農業革命論が飯沼の手で提起されることを望む趣旨の文章で結んでいる（前掲（8）48頁）。しかし，筆者は飯沼による新たな日本農業革命論をまだ見ていない。

筆者は近代も含めた農業革命の時期について飯沼とは異なる見解を持っているので，飯沼と徳永光俊と佐藤常雄の論を踏まえて，次節で日本における農業革命の過程についての筆者の試論を記述してみたい。

第3節　近世以降における農業革命の時期設定試論

筆者は，日本では近世後半から1960年代まで，およそ2世紀半かけて農業革命が進行したと考えている。

飯沼二郎によれば，農業革命は，［新しい農法の創出⇒新しい農村社会の創出⇒新しい農法の新しい農村社会への普及⇒農業生産力の飛躍的増大］の4つの過程を経て成就するので，それぞれの段階ごとに，該当することがらを記述していく。

（1）新しい農法の創出

近世に先立つ戦国時代には，敵との攻防の中で科学技術が発達した。堤を作る技術，わずかな高低差を測って水を導く技術，貨幣に使われる金属を採掘するための穴掘り技術，その穴に湧く水を排出する技術などである。近世前半の17世紀は，戦国時代に発達した土木技術を用排水路や井戸の開削に適用して新たな耕地の開発をおこなう新田開発，すなわち農耕空間の拡大によって農業生産力を増大させる時代であった。

しかし，この土木技術で開発できる土地は18世紀中頃には尽きてしまう。この間に耕地面積は180万町歩から300万町歩に増えたが，過開発による環境への負荷が増大してさまざまな災害が起こるようになり，農作物の単位面積当り収穫量は低下したと考えられる。

それでも，1720年代の人口2700万人は近世末までほとんど変わらなかったので，近世の後半にはその人口を養うために，精労細作すなわち既存耕地の高

度利用によって農業生産力を維持する必要があった。ここに新しい農法が創出されることになる。その新農法が創出されはじめた時期は17世紀末であった。

この新農法の基盤は，それぞれの地域で長年営農経験を積んだ農民たちが作りあげた「地域に根ざす技術」であった。人々は適地を適時に耕作し，農具は用途に応じて形と使用法が異なる鍬と鎌を使い，肥料を施用し，多収穫品種を選んで作付し，多毛作をおこなうことをシステムとして結合させて，農作物の単位面積当り収穫量を増やしていった。そして，これらの技術を伝える媒体が，農書（営農技術書）と，親から子への口伝，村人たちの情報交換であった。

新農法が創出されはじめた時期を17世紀末と記述したのは，この時期以降に農書が書かれはじめるからである。農書には農作物の単位面積当り収穫量を増やす技術が記述されているので，人々はそれを規範にして，新たな農法を受容していった。

新農法を構成する諸要素のうち，農具と肥料について記述する。

近世の主な耕起具と中耕具は鍬であった[13]。鍬は土地条件と用途に応じて，形と使用法が多様に分化した。その一端を『農具便利論』[14] の「諸国鍬之図」（前掲（14）142-149頁）で見ることができる。さらに，近世後半には備中鍬が普及して耕起作業の能率を高めた（同150-152頁）。また鎌も，農作物の刈り取りからさまざまな地目での柴草刈りまで，多様な形と使用法に分化した。

下肥は近世に入って広く使われるようになった肥料である。従来使われてきた草木肥に下肥が加わって耕地の生産力が向上したことにより，農作物の単位面積当り収穫量の増加と，既存耕地の高度利用すなわち多毛作がおこなえるようになった。下肥の素材は人糞尿である。農家は便所と肥溜を作って自家の糞尿を資源として使った。農書『百姓伝記』[15] は農家の屋敷構えの項目中に，便所と小便壺のあるべき配置について細かく記述している（前掲（15）123-124，227-230頁）。

しかし，農書が記述する新たな技術の内容は，個々の農家単位でおこなう技術であった。したがって，その技術が普及するには，中世までの大家族で構成される村社会ではなく，2世代から3世代が同居する小家族からなる村社会の創出が前提になる。

（2）新しい村社会の創出

近世の村方の徴税方式は村請制であった。村役人が個々の家に米で見積もった課税額を割り振り，村で集めて納税する方式なので，徴税の単位になる家は中世以来の大家族でもかまわないのだが，近世農耕の技術は人間の努力によって一定の収穫量が確保できる水準に達しようとしていた。祭礼の目的が神に豊穣をひたすら祈ることから，神への祈りを口実にして人間が飲食と集いを楽しむことに変わりつつあったことが，根拠のひとつである。

もはや族長の傘の下で生活する必要はなく，小家族が徴税の単位になりうる段階にまで，農業生産力は安定してきたのである。そして，新たな農法を受容して実直に働けば，生活を楽しむ余裕も持てるはずであった。

こうして村が小家族からなる家の集まりになり，土地でつながる農村社会がほぼ完成したのは，多くの地域では17世紀末であった。ここに新農法を受容する新たな農村社会が成立したのであるが，この農村社会は地主と小作という新たな階層関係も生み出し，直接生産者である農民の生産意欲は高まらなかった。農民の生産意欲が高まって農作物の単位面積当り収穫量が飛躍的に増大するのは，ほぼ自作農のみの農村になる20世紀中頃のことであり，ここで初めて日本の農業革命の過程が成就する。これについては（4）で記述する。

（3）新しい農法の新しい村社会への普及

新たな農法を個々の農家に普及させる媒体のひとつであった農書は，18世紀に著作数が次第に増えていき，19世紀にはかなりの数が著作された。こうして新農法が新しい農村社会に普及していくことになる。農書にはその著者の営農経験にもとづいて，資本はなくても家族労働力を適切に使えば従来より多くの収穫量が得られる技術が記述されている。これを受容して適時適作と適地適作の日々を積み上げていけば，小家族の農家に余剰が生まれる。こうして農作物の単位面積当り収穫量を増やすことができる新しい農法は，18世紀以降，小家族からなる新しい村社会に普及していくのである。

ただし，農書が著作された地域は片寄って分布している。すなわち，堀尾尚

志[16]によれば，農書が多く著作された地域は，農法の発展段階で言えば中進地域であり，そこは耕地の拡大段階から既存耕地の高度利用に移るための技術を必要とする地域であった（前掲(16) 2頁）。東海地方や北陸地方がその例である。

(4) 農業生産力の飛躍的増大

上記(3)までの過程は近世のうちに進行して，中耕除草農法の枠内で精労細作技術が普及していったが，佐藤常雄がおこなった甲府盆地の稲の坪刈帳研究によれば，近世から近代の農業生産力は目立った増大を見せていない。それは，村社会の変革が不十分で，農民の生産意欲が高まらなかったからである。

近世後半から近代の農民の生産意欲が高まらなかった理由は，地主による土地支配が次第に強まっていったからである。この動きは近代に入って加速され，農民の生産意欲を削いでいった。

農民の生産意欲を急速に高めた政策が，第二次世界大戦後に実施された農地改革であった。この政策下で農民は，自作地になった耕地を意欲を持って経営した。化学肥料や農作業用機械の普及が農民の生産意欲を支えたので，稲の単位面積当り収穫量は飛躍的に増大した。ここに近世後半から始まる日本の農業革命が成就したのである。

したがって，日本における近世以降の農業革命の過程は，「新しい農法の普及」と「農業生産の飛躍的増大」の間に，「自作農からなる村社会の創出による生産意欲の向上」を加えて，［新しい農法の創出⇒新しい農村社会の創出⇒新しい農法の新しい農村社会への普及⇒自作農からなる村社会の創出による生産意欲の向上⇒農業生産力の飛躍的増大］の5段階の過程とすべきであろう。日本では17世紀末頃に始まる農業革命の過程で，村社会は2回変わったというのが，筆者の説である。

しかし，自作農になった農民が生産意欲に燃えた時期は，1950年代の10年ほどで終息してしまう。急速に発展した第二次・第三次産業を農業が追いかけるための方法を明記した農業基本法が，1960年に制定されたからである。農業基本法は，本来複合経営である農業に「経営部門の選択的拡大」による単一

経営をおこなわせ，単一部門を大規模に経営する方式で価格競争させて，強者が生き残っていく工業と同じ発想と方法を農業に適用させようとする法律である。また，農外部門からの雇用機会の拡大も，自作農たちの営農意欲を削いだ。

その過程を記述する著書の例が，薄井清の『東京から農業が消えた日』[17]である。この著書には，農地改革の恩恵で自作農になって生産意欲を高めた東京西郊の農民たちが，農業基本法の方針に沿うさまざまな施策のもとで急速に生産意欲を削がれていく姿が如実に記述されている。

現在の日本農業は，近世後半以降2世紀半かけて培った農法のもとで，化学肥料と農作業用機械を使い，選択した単一部門をなるべく省力化しつつ営まれている。いわば農業革命の余韻で高い生産力を維持しているのである。しかし，生産意欲のない今の農業に未来は見えない。また，無機資材の投下による生態系への負荷も，日本の農業の未来を脅かしている。

第4節　筆者の説を図示する

図26は，筆者が考える日本における近世以降の農業革命の過程を示した図である。これを使って筆者の考えを説明してみたい。

新しい農法は近世中頃には創出された。日本の各地で新たな営農の規範になる農書が書かれはじめたのが，その根拠である。新農法を構成したのは，鍬

	1600年	1700年	1800年	1900年	2000年
農耕の技術	新田開発	精労細作農法の創出	精労細作農法の普及		省力化農法の普及
農具 肥料	鍬 と 鎌		耕起用備中鍬 堆 肥 と 下 肥	短床畜力犂	農作業用機械 化 学 肥 料
営農法		複 合	経 営		単 一 経 営
農村社会	中世的村 ／	小家族の小農が地縁で結ばれる村 地 主 の 土 地 支 配			自作農の村 農地改革 農業基本法 新たな村社会の模索
農業革命		始まる	進 行 す る		成就　　継承？

図26　筆者の農業革命説の過程模式図

と鎌・草木肥と下肥・多収穫品種の選抜と多毛作で，これらがシステムとして結合して新しい農法が創出された。

　新しい農村社会は近世初頭からできはじめ，近世中頃にはほぼ完成していた。その内容は，小家族を営農単位とする小農が寄り集まり，地縁で結ばれる村であった。ただし，近世の後半から近代にかけて次第に拡大する地主の土地支配が農民の営農意欲を削いで，農業革命を受け入れる農村社会は完成しないまま，新しい農法だけが普及していった。

　農書や親から子への口伝や村人相互の情報交換によって，新しい農法が新しい村社会に普及していったのは，近世後半であった。しかし，小作地が拡大して，新しい農法と農民の生産意欲が揃わない場合は，農業生産力の飛躍的増大は見られなかった。

　農業生産力が飛躍的に増大して日本の農業革命が成就したのは，第二次世界大戦後の農地改革によって自作農からなる新たな村社会ができ，所有地を耕すことが村人たちの営農意欲を向上させる熱源になった1950年代であった。化学肥料と農作業用機械の普及も，農業生産力の飛躍的増大を支えた。

　こうして，近世中頃から1950年代までの2世紀半の間に，［新しい農法の創出⇒新しい農村社会の創出⇒新しい農法の新しい農村社会への普及⇒自作農からなる村社会の創出による生産意欲の向上⇒農業生産力の飛躍的増大］の5段階の過程を経て，日本における近世以降の農業革命は成就したというのが，筆者の説である。図26に記入した語句の中で，近世以降の農業革命の過程を端的に示す語句に網をかけた。これでおよその流れを把握していただければさいわいである。

　しかし，農業革命が成就して10年を経ずして，農民の生産意欲を削ぐ農業基本法が制定施行され，日本農業はふたたび沈滞し，現在に至っている。

　沈滞から抜け出る方法はあるか。筆者は，農業革命の過程の中の新しい農村社会を少し組み換えれば，農業は日本列島の生態系の中で持続できると考えている。

　現在，米の10アール当り収穫量は500kgで，これを上回る収穫量の増加は望めない。また，近世以来使ってきた肥料の素材のうち，人糞尿は都市下水道

システムを根本から変えない限り資源として利用することはできなくなっている。筆者は，かつて農家が農作業のない日に「山に柴草刈りに」行って，そのまままたは発酵させた草木肥の施用を復活させればよいと考える。

しかし，高齢者が多い今の農家には「山に柴草刈りに行く」元気はない。そこで，農家ではない有志が「山に柴草刈りに」行って，柴草を農家に無償で提供するシステムを作ることを提案したい。ただし，他人の山には勝手に入れないし，1人で柴草刈りをおこなうのは難しいので，地方の行政体か，NPOか，自然発生した組織のいずれかが，農家と柴草刈りをおこないたい人々との間を取り持って，柴草がつねに農家の庭先に積まれている状態にすればよい。

筆者は，このシステムを作ることができれば，17世紀末頃に始まる農業革命の過程で作られた生態系の中で，農業は持続できると考えている。

人間が介入した山は，介入の程度が強ければ多年生の草が生えるか松山になるであろうし，介入がほどほどであれば雑木林（陽樹林・落葉広葉樹林）になるであろう。そして，赤松の山では秋にマツタケが採れるし，雑木林では秋に紅葉狩りを楽しむことができる。これが「山に柴草刈りに行く」人々への報酬である。人間が適切に植生に介入していけば，農業生産力を維持しつつ，日本列島の生態系の中で人間は命を繋いでいけるであろう。

注
(1) Thirsk, J. 1987. *England's Agricultural Regions and Agrarian History, 1500-1750*. 77. London: Macmillan Education. 有薗正一郎訳（1987-9）『1500〜1750年のイングランドにおける農業地域と農業史』愛知大学文学論叢86-90, 105頁．
(2) Chambers, J., and Mingay, G. 1966. *The Agricultural Revolution 1750-1880*. 222. London :B T Batsford .
(3) Overton, M. 1996. *Agricultural Revolution in England*. 258. Cambridge: Cambridge University Press.
(4) 小松芳喬（1961）『イギリス農業革命の研究』岩波書店，409頁．
(5) 飯沼二郎（1980）『日本の古代農業革命』筑摩書房，222頁．
(6) Watson, A. 1974. The Arab Agricultural Revolution and its Diffusion. *The Journal of Economic History* 34-1: 8-35.
(7) 飯沼二郎（1987）『増補 農業革命論』未来社，244頁．
(8) 徳永光俊（1997）「飯沼農業理論の展開－風土と農業革命－」経済史研究1, 38-48頁．
(9) 飯沼二郎（1967）『農業革命論』未来社，226頁．

(10) 農法研究会編（1975）『農法展開の論理』御茶の水書房，273頁.
(11) 飯沼二郎(1985)『農業革命の研究－近代農学の成立と破綻－』農山漁村文化協会，804頁.
(12) 佐藤常雄（1987）『日本稲作の展開と構造－坪刈帳の史的分析－』吉川弘文館，375頁.
(13) 飯沼二郎・堀尾尚志（1976）『農具』法政大学出版局，206頁.
(14) 大蔵永常（1822）『農具便利論』.（堀尾尚志翻刻，1977，『日本農書全集』15，農山漁村文化協会，119-306頁).
(15) 著者未詳（1681-83）『百姓伝記』.（岡光夫翻刻，1979，『日本農書全集』16，農山漁村文化協会，3-335頁).
(16) 堀尾尚志（1977）「近世日本の農学」科学史研究Ⅱ 16，1-8頁.
(17) 薄井清（2000）『東京から農業が消えた日』草思社，262頁.

第8章　近世以降の稲の干し方の分布について

第1節　稲の干し方3種類の長所と短所

　稲作の作業のひとつに，刈った稲の籾を干す作業がある。その方法はおよそ次の3つである。
(1)　穂首刈りして，穂の束を干す方法
(2)　刈り取ってすぐ脱穀して，籾を干す方法
(3)　籾付きの稲束を干す方法
　これら3つの方法には，それぞれ長所と短所がある。
　(1) の穂の束を干す方法は，1枚の田に成熟期が異なる稲を混植して，成熟した穂から順次摘み取っていた時代には，もっとも合理的な方法であった。この方法は，穂首の摘み取りから乾燥までの作業期間を分散できるが，まだ籾が穂軸に付いている分だけかさばるので，籾を干す方法よりも広い面積を要する。穂首刈りした稲束の干し方については，農家の庭に持ち込んで地干ししていたとの説がある[1]。
　(2) と (3) は，1枚の田に1種類の稲を作付して一斉に刈り取る耕作法が普及してから，広くおこなわれるようになった干し方であろう。(2) の籾を干す方法は，干す場所は小さい面積で済むが，広げた籾のうち，日が当らない下の籾が乾きにくいので，上下の籾をかき混ぜる手間がいる。(3) の籾付きの稲束を干す方法には，稲束を田面に置いて干す地干し法と，稲束を立木または稲架(はざ)に掛けて干す掛け干し法がある（図27）。地干し法は稲束を干すための施設作りと片付け作業をしなくて済むので，手間はかからないが，水を落とせない田では乾かしにくい。掛け干し法は田の状態に関わりなく稲束を干せるが，稲束

第 8 章　近世以降の稲の干し方の分布について　　119

を干すための施設作りと片付けに手間がかかる。

　近世以降は（2）か（3）の方法で稲の籾を干していた。そして，多くの地域では（3）の中の地干し法から地干し法と掛け干し法が並用される姿に変わっていったが，近代に入っても（2）の籾を干す方法をおこなう地域があった。しかし，（2）と（3）に含まれる方法のうちで，いずれが進んだ方法かという視点は適切ではなく，それぞれの地域ごとに，またひとつの地域内においても，田の条件に応じた干し方の使い分けがおこなわれていたようである。

　この章では，稲の干し方の地域比較が可能な資料が得られる近世から20世紀前半までの期間を取り扱い，次の2つのことを記述する。

　第一に，5つの時期を設定して，各時期の稲の干し方の分布図を描き，それぞれの時期における地域比較と，ある地域における干し方の変遷の有無につい

　　　　地干し法　　　　　　　　　　稲架による掛け干し法
　雨天の時は田面に稲束を積む　　　　大蔵永常『豊稼録』1826年版
　（『農業図絵』(30)の152頁を転載）　　（勧農叢書，有隣堂，1877，8丁を転載）

図27　稲束の干し方の諸形態

て記述する。

　第二に，地干し法が近世に広くおこなわれ，近代に入っても掛け干し法と並用されていた理由について，筆者の解釈を記述する。

　近世は農書類の記述から稲の干し方を拾い，17世紀と18世紀と1801〜68年の3つの時期を設定して，それぞれ分布図を描いた。19世紀後半は『稲田耕作慣習法』と『農談会日誌』から1880年頃の干し方の分布図を描き，20世紀前半は『都道府県別日本の民俗分布地図集成』から1910〜20年頃の干し方の分布図を描いた。

第2節　近世の稲の干し方の分布

　表7は近世の農書類が記述する稲の干し方の一覧であり，それを100年で区切って示した図が図28である。図28凡例の籾干し法とは，刈り取ってすぐに脱穀して，籾を干す方法のことである。表7の左端の番号を図28の該当地に記入してあるので，対照されたい。

　ひとつの国で近世の間の動きを追える例はほとんどないが，全体としては，地干し法から地干し法と掛け干し法が並用される姿に変わっていったようである。ただし，営農の規範である農書類は進んだ技術を記述する場合が多いので，農書類が掛け干し法を奨励する場合はその農書類が言及する地域に掛け干し法が普及し始めていたと解釈すれば，実際に近い姿が描けるであろう。

　次に，地方ごとに干し方の概要を記述する。

　九州北部では地干し法がおこなわれていた。福岡城下の西の郊外で営農経験を積んだ宮崎安貞が17世紀末に刊行した『農業全書』[2]（1697年）は，乾田では地干しすると記述している（前掲(2)138頁）。また，『門田の栄』[3]（1835年）は，九州では稲刈り前に水を落として田面を乾かしておき，刈った稲をそのまま地干しすると述べる（前掲(3)190-1頁）。『九州表虫防方等聞合記』[4]（1840年，図28の26番）は筑前国飯塚村では地干しすると記述し（前掲(4)166-7頁），肥前国の平野部で書かれた『郷鏡』[5]（1830-43年，図28の32番）は，掛け干しすべきだがこの地域では地干ししていると述べる（前掲(5)99頁）。

第 8 章　近世以降の稲の干し方の分布について　121

表7　『日本農書全集』で翻刻された農書類が記述する刈った稲の干し方

番号	1行目：農書類の名称（成立年　国名） 2行目以降：稲の干し方および該当する記述
1	『清良記』巻七下（17世紀後半　伊予） 現代語訳では地干し　　　刈干（10巻　171頁）
－	『百姓伝記』（1681-83年　三河） 不明　　　秋ハ稲をかり　陸地にはこひ（16巻　211頁） 　　　　　　稲なまほしにしてハ　はしきしミ　はかとらず　稲をよくほすへし（17巻　143頁）
2	『会津農書』（1684年　岩代） 地干し　　稲干様ハ笠稲にて久敷置（19巻　61頁） 『会津歌農書』（1704年　岩代） 地干し　　かりしねを五把づゝ立て其上の笠にハ一把かぶせをくなり（20巻　101頁） 　　　　　刈取てたばねずひろげ其まゝに日あてるいねを布干といふ（20巻　102頁）
－	『農業全書』（1697年　－） 地干し　　刈干事ハ　高田ハ其まゝ其田に攤げほすべし（12巻　138頁） 掛け干し　深田の干べき地なき所ならバ　溝の土手に木をうへをき　其枝またにかけてほし　又ハ竹を三本結合せ　泥中にしかとさし立　其さき二方に稲一把づゝさして干事　水所にて　専是を用ゆへし（12巻　138頁）
3	『耕稼春秋』（1707年　加賀） 地干し　　稲一把宛四方へ株を上にしてひろけて　堅田ハ其田に干　野川原これ有所ハ　田より持出て干なり（4巻　28-29頁） 掛け干し　皆泥田にて野河原なき所ハ　稲をはさに懸る（4巻　30頁）
4	『農事遺書』（1709年　加賀） 掛け干し　　架ハ田種前縄ノ濡ルヽヲイトハズ張置タルヨシ……生木ノ架ハ干兼立タル架ハ干易シ（5巻　85-86頁）
5	『家業考』（1764-72年　安芸） 地干し　　かりぼしハ三日ほせばよし　つきたてぼしハ五日ほせばよし（9巻　106頁） 掛け干し　はでニかけてほせば廿日ぼしニせねばこぎにくし（9巻　106頁）
6	『農業順次』（1772年　常陸） 現代語訳では地干し　　しろ刈に仕候へ者一日半程にて刈上申候（38巻　54頁）
7	『耕作噺』（1776年　陸奥） 地干し　　島立　籠立　結立（1巻　97頁）
8	『耕作大要』（1781年　加賀） 地干し　　四把タテタルヲ速ダテト云（39巻　287頁） 掛け干し　ハサニ稲ヲカケルニ　胴ハサ割ハサト云コトアリ（39巻　288頁）
9	『農民之勤耕作之次第覚書』（1789年　岩代）

現代語訳では地干し　　　稲干場ヘセヲイ上ケ申ス……刈申日ヨリ三四日過　女子供稲干始末（2巻　302頁）
10 『私家農業談』（1789年　越中）
　地干し　　稲場といふて地廻りの堅田又ハ川原の空地なとにて干あくる也（6巻　69頁）
　掛け干し　湖水潟等の辺に稲干へき堅田隙地なとのなき所ハ　架掛にする也（6巻　71頁）
(11)『農稼業事』（1793-1818年　近江？）
　掛け干し　　懸ほしの弁（7巻　78-88頁）
12 『村松家訓』（1799-1841年　能登）
　掛け干し　　架稲下す時　樽にかゝらぬ様に卸すへし（27巻　187頁）
(13)『粒々辛苦録』（1805年　越後）
　地干し→掛け干し　予か中年頃迄ハ稲を田畑に積置　朝ハ一把ツヽ広けて干し　暮ニハ又鳰にせしか　近年ハはざと云物出来て夫に稲を懸て干す事也（25巻　76頁）
14 『やせかまど』（1809年　越後）
　地干し→掛け干し　昔は稲干場の事は　皆ふり干とて　朝家内者残らす干場へ出て天気を考へ　壱把宛拡けて（36巻　271頁）
　今は夫とは違ひ　はざといへる事はしまりて……三十四歳（1793年頃）の頃よりして　稲六百束は皆彼ハザに懸けし（36巻　272頁）
＊－『豊稼録』（1810年）
　掛け干し　　掛干しの論
15 『百性作方年中行事』（1813年　丹後）
　掛け干し　　八月十一日　稲木拵（40巻　238頁）
16 『農業心得記』（1816年　羽後）
　地干し　稲は……はさかけにすれハ　稲元の穀気穂へ下り米堅く　搗減りなく能きとあれとも　所に寄り杭諸道具無く其業行届ざる所もあるへし（36巻　124頁）
(17)『稼穡考』（1817年　下野）
　掛け干し　稲をかり干にハ懸干にする事第一よろし（22巻　108頁）
(18)『農家業状筆録』（1804-18年　伊予）
　籾干し　打落し　こきおとしたる籾を取あけ　五日十日やすめ置て乾し上けてすれは（30巻　276頁）
19 『合志郡大津手永田畑諸作根付根浚取揚収納時候之考』（1819年　肥後）
　籾干し　能熟シ候ハ干スニ不及……せんばニ而穂をこぎ落し……晴天ニ二日程猫伏ニ而干シ（33巻　217頁）
20 『山本家百姓一切有近道』（1823年　大和）
　掛け干し　かけいねの事　是ハ壱反弐人手間といふなり（28巻　222頁）
　かけいねこくときハ　其日にいねをかけさをともゝてかいり　かたづけへし（28巻　227頁）

21 『家事日録』（1828 年　但馬）
　　掛け干し　　八月廿五日　早稲刈　いなき并神前仏壇ニ穂がけ（43 巻　262 頁）
22 『北越新発田領農業年中行事』（1830 年　越後）
　　掛け干し　　稲刈取仕廻は　はさ掛なれハ干上り宜（25 巻　183 頁）
＊－ 『再種方』（1832 年）
　　掛け干し　　掛干の得分多ほき事ハ　別に著せる豊稼録（1810 年）ニ委しく記す（70 巻　268 頁）
23 『耕耘録』（1834 年　土佐）
　　籾干し　　凡吾佃の有限を刈尽て束稲を家ニ運ぶ……稲扱二人……籾干二人三日干（30 巻　82-83 頁）
＊－ 『門田の栄』（1835 年）
　　籾干し　　皆水田の中に入て刈　家に持ちかへり　切株の未だぬれて水の垂るを其まゝ扱て干あげ　籾ずりし（62 巻　186 頁）
　　掛け干し　　掛干ハ手の入やうなれども　其田の隅か畔の上にこしらへ　干て勝手に取かへり　夜なべに家内にてこけバ　勝手宜し（62 巻　209 頁）
24 『耕作仕様考』（1837 年　越中）
　　地干し　　砺波郡にて下手村々僅ならてはさハ不仕候（39 巻　224 頁）
　　掛け干し　　然に近来懸干と申仕方有之……近来私試申候処　至極宜御座候（39 巻　224 頁）
25 『農業稼仕様』（1837 年頃　丹波）
　　掛け干し　　掛てほすにしくはなし（28 巻　321 頁）
　　籾干し　　生にてこき　莚干は凶し（28 巻　321 頁）
26 『九州表虫防方等聞合記』（1840 年　筑前）
　　地干し　　（筑前国飯塚村米屋茂右衛門方）米干やうの事は地干なり（11 巻　166-167 頁）
27 『農業功者江御問下ケ十ケ條并ニ四組四人ゟ御答書共ニ控』（1841 年　周防）
　　地干し　　田の畦道端等ヘ干（29 巻　205 頁）
　　籾干し　　山田尚遠方之分ハ　刈候日　直に女共召連参りこぎ落し取帰り　莚干に仕候（29 巻　205 頁）
　　掛け干し　　山田ハ　近所に木有之候ヘハ　可成程ハ枝ヘ掛干（29 巻　216 頁）
28 『農業自得』（1841 年　下野）
　　地干し　　岡田ハ能熟たるをかり干ハ　手間徳あれとも　夜分置ハ甚悪し（21 巻　34 頁）
　　掛け干し　　深田ハ懸干あり　掛干ハ多分の利有（21 巻　34 頁）
29 『仕事割控』（1841 年　下総）
　　掛け干し　　八月十三日　おたゆひ（現代語訳では稲架の組立て）拾人手間（63 巻　349 頁）
　　　　　　　　十月廿一日　おたまてい（現代語訳では稲架の取り片付け）（63 巻　351 頁）

30	『家業伝』（1842 年　河内）
	掛け干し　　ダテ（現代語訳では稲架）掛ナラハ（稲束を）掛テ三ケ日目位ヲ　午刻ニ種子ヲ納メ可申（8 巻　67 頁）
	十月一日　鋤筋ヘ楯（現代語訳では稲架）組ム（8 巻　209 頁）
31	『豊秋農笑種』（1843 年　出雲）
	掛け干し　　早稲実入候得者……早速刈揚いたし　其跡ヘ稲はで拵置き候事（61 巻　50 頁）
32	『郷鏡』（1830-44 年　肥前）
	地干し　　稲を刈ても田の中に積重ねて水除を切る事もなく（11 巻　99 頁）
(33)	『深耕録』（1845 年　下野）
	地干し　　刈干ハ都合よければとも夜置ハ夜露を受（39 巻　27 頁）
	掛け干し　　深田ハ掛干に利有（39 巻　27 頁）
34	『自家業事日記』（1849 年　因幡）
	地干し　　束立テ乾候分ハ（29 巻　150 頁）
35	『軽邑耕作鈔』（1847 年 -　陸中）
	掛け干し　　子年（1852 年）の稲干楹間数の事（2 巻　49 頁）
36	『日知録』（1856 年　三河）
	掛け干し　　九月六日　はざゆい（42 巻　396 頁）
	十月十三日　はざはづし（42 巻　399 頁）
37	『農稼録』（1859 年　尾張）
	地干し　　高き田の稲ハ　刈て其田に建干とて　穂を下にし　藁束を上にして　藁の根を枯すべし（23 巻　81 頁）
	掛け干し　　刈稲を干にハ　はさに掛て乾かすべき也……深田の稲はハサに掛（23 巻　81 頁）
38	『農業手曳草』（1862 年　伊予）
	掛け干し　　稲垣にいたし置く事至極よろし（41 巻　205 頁）
39	『農具揃』（1865 年頃　飛騨）
	地干し　　未夕地干シ専ラ乾積の方　晴天四日なり（24 巻　118 頁）
	掛け干し　　稲ハ地干シより架棚干よろし（24 巻　118 頁）
40	『御百姓用家務日記帳』（1867 年　美濃）
	掛け干し　　十月十二日　奥田ヘハサ杭壱荷持行申候（43 巻　76 頁）

注）左端の番号は図 28 の番号と一致する。

　カッコ付きの番号は，言及する地域の実状を伝えていない可能性がある，または他の農書の写本の可能性があるなど，何らかの理由で一次史料として使えない農書である。

　『百姓伝記』は干し方が記述されておらず，また『農業全書』は言及する地域の範囲が明らかでないので，いずれも番号欄は－で表示した。

　番号欄の＊－は，大蔵永常の著作で稲の干し方を記述する農書である。『豊稼録』は『日本農書全集』には収録されていない。

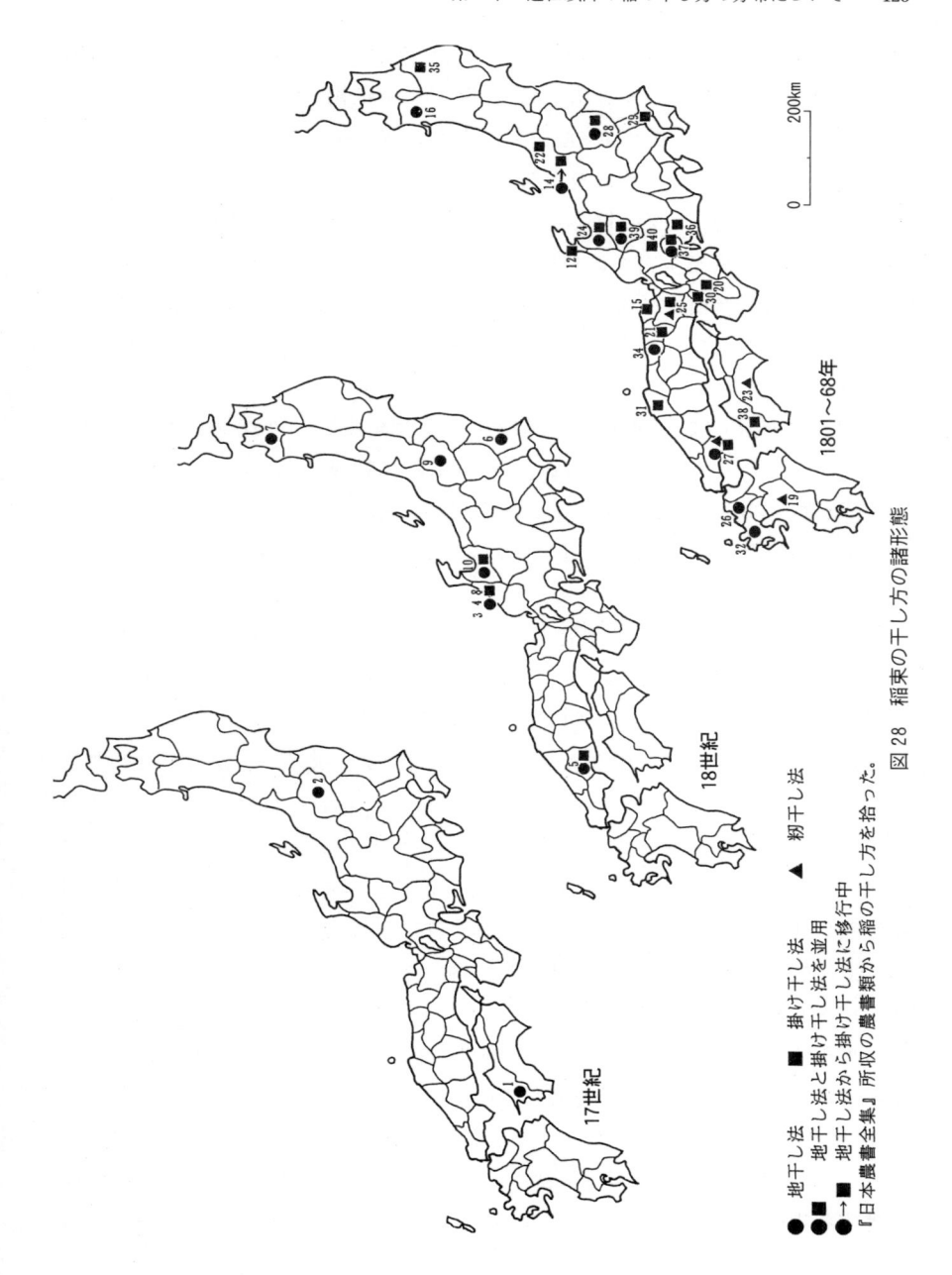

第8章　近世以降の稲の干し方の分布について　125

図28　稲束の干し方の諸形態

他方，肥後国『合志郡大津手永田畑諸作根付根浚取揚収納時候之考』[6]（1819年，図28の19番）は籾干し法を記述している（前掲(6) 217頁）。

ちなみに，『農業全書』は，湿田では立木の枝に稲束を干すか，竹を三又に組んで田面に突き立て，竹の先端部に稲束を掛けて干す方法を記述しているが（前掲(2) 138頁），三又の竹に稲束を掛けて干す方法は中国農書からの引用である[7]。また『農業全書』の冒頭に掲載されている「農事図」の中に稲架が描かれている（前掲(2) 40-1頁）が，これも宮崎安貞が経験または見聞した稲束の干し方ではなく，中国の耕織図を参考にして描かれた粉本（下絵の類）を模写したもののように思われる。

四国の伊予国では，『清良記』巻七[8]（17世紀後半，図28の1番）は地干し法であったが（前掲(8) 171頁），近世末の『農業手曳草』[9]（1862年，図28の38番）は稲架による掛け干し法を奨励している（前掲(9) 205頁）。土佐国の『耕耘録』[10]（1834年，図28の23番）は籾干し法を記述している（前掲(10) 82-3頁）。

中国地方の出雲国『豊秋農笑種』[11]（1843年，図28の31番）は，稲架による掛け干し法を奨励している（前掲(11) 50頁）。山田一郎らによると，島根県で掛け干し法が普及したのは湿田が多いからである[12]。

畿内とその周辺では，19世紀前半には稲架による掛け干しがおこなわれていた。19世紀初頭頃の近江国の農書とされている『農稼業事』[13]は，米の質がよくなるとして掛け干し法を奨励し，その方法を説明している（前掲(13) 78-88頁）。大和国の『山本家百姓一切近道』[14]（1823年，図28の20番）には掛け干し法が記述されている（前掲(14) 222頁）。また，丹波国の『農業稼仕様』[15]（1837年頃，図28の25番）も掛け干し法を奨励しており（前掲(15) 321頁），河内国の『家業伝』[16]（1842年，図28の30番）には掛け干しした稲から種を採る記述がある（前掲(16) 67頁）。ただし，丹波国の『農業稼仕様』には籾干し法も記述されている（前掲(15) 321頁）。

18世紀初頭の北陸では，地干し法と稲架による掛け干し法がおこなわれていた。加賀国北部の『耕稼春秋』[17]（1707年，図28の3番）は，水田が立地する場所に応じて地干し法と掛け干し法を使い分けると述べ（前掲(17)

28-30頁)，加賀国南部の『農事遺書』[18](1709年，図28の4番)は，掘立て柱に縄を張って作る稲架に稲束を掛け干しする方法を記述している(前掲(18)85-6頁)。越後国の『やせかまど』[19](1809年，図28の14番)には，近年まで地干ししていたが，最近稲架による掛け干しが始まったと記述されている(前掲(19)271-2頁)。北陸の乾田では，コンバインによる刈り取り脱穀法が普及する近年まで，地干し法がおこなわれていた。

掛け干し法は19世紀半ばには中部地方にも普及し始めている。尾張国の『農稼録』[20](1859年，81頁，図28の37番)と飛騨国の『農具揃』[21](1865年頃，118頁，図28の39番)は，地干し法と掛け干し法が並用されていることを記述し，掛け干し法を奨励している。三河国の下津具村では19世紀中頃に稲架掛けがおこなわれていた。下津具村の知識人の日記『日知録』[22](図28の36番)には，安政3(1856)年9月6日(太陽暦10月4日)に「はざゆい」(前掲(22)396頁)，同年10月13日(太陽暦11月10日)に「はざはづし」(前掲(22)399頁)の作業が記述されている。下津具村を含む奥三河では，近年まで多段式の稲架で干す方法がおこなわれていた。

関東地方でも19世紀前半には稲架による掛け干し法が普及したようである。下野国の『稼穡考』[23](1817年)は掛け干し法を奨励しており(前掲(23)108頁)，下総国の農事記録『仕事割控』[24](1841年，図28の29番)には，稲架を組立てた日(前掲(24)349頁)と片付けた日(前掲(24)351頁)が記述されている。ただし，『門田の栄』(1835年)で，下総国の農夫は「武蔵国の北東端の幸手・栗橋のあたりでは，地干しする村と掛け干しする村が並存する」(前掲(3)187-90頁を筆者が要約)と述べており，19世紀前半に掛け干し法がどこでもおこなわれるようになったわけではないようである。

東北地方では地干し法がおこなわれていた。陸奥国の『耕作噺』[25](1776年，図28の7番)は3種類の地干し法があると記述し(前掲(25)97頁)，羽後国の『農業心得記』[26](1816年，図28の16番)は掛け干し法は普及していないと述べている(前掲(26)124頁)。羽後国(秋田県)に掛け干し法が普及するのは，米質検査が強化される20世紀初頭から後である[27]。コンバインによる刈り取り脱穀法が普及するまでは，稲束を田の畔で数日地干しし，次に

10〜30日ほど杭掛けで干してから，穂先を内側にして円筒型に積み重ねておく方法が広くおこなわれていた。

第3節　近代の稲の干し方の分布

(1) 1880年頃の稲の干し方の分布

図29は，『稲田耕作慣習法』(1879年) と『農談会日誌』(1881年) に収録されている稲刈直後の稲の処置法を安田健が府県ごとに整理した表[28]にもとづいて，筆者が作成した1880年頃の稲の干し方の分布図である。『稲田耕作慣習法』は1878〜79 (明治11〜12) 年に内務省勧農局が稲作慣行を各府県に照会して取りまとめた資料，『農談会日誌』は勧農局が1881 (明治14) 年3月に各地の老農たちを東京浅草の本願寺に集めておこなった営農技術を向上させるための懇談会の記録であり，いずれも当時の実状がわかる資料である。

図29と図28の1801〜68年の図を対照すると両者の内容はほぼ一致するので，図28の1801〜68年の図で空白になっている国の干し方も含めて，図29には19世紀の稲の干し方の分布が表示されていると考える。

稲の干し方の分布を大きく見ると，19世紀前半よりもさらに掛け干し法が普及して，地干し法と並用されていた。ここでいう並用とは，ひとつの府県の中に地干しする地域と掛け干しする地域があったことのほか，地干ししてから掛け干しする地域があったことも含んでいる。また，関東地方以西には籾干し法もおこなっていた府県がいくつかある。田の条件に合わせて稲の干し方が選択されていたからであろう。

(2) 1910〜20年頃の稲の干し方の分布

図30は『都道府県別日本の民俗分布地図集成』[29]が記載する大正年間の稲の干し方を図示したものである。他の図との時期比較を容易にするために，図30の表題を1910〜20年頃の稲の干し方とした。

この図から，1910年代でも地干し法がまだ広くおこなわれていたことが読みとれる。すなわち，本州と四国では，地干し法と掛け干し法がほぼ同じ割合

第 8 章　近世以降の稲の干し方の分布について　129

●　地干し法　　■　掛け干し法　　▲　籾干し法
●■　地干し法と掛け干し法を並用
●→■　地干し後に掛け干しする
●→■　地干し法が多いが掛け干し法もある
▲●　籾干し法と地干し法を並用
▲•　籾干し法が多いが地干し法もある
▲■　籾干し法と掛け干し法を並用
▲●■　籾干し法と地干し法と掛け干し法を並用
−　　記載なし

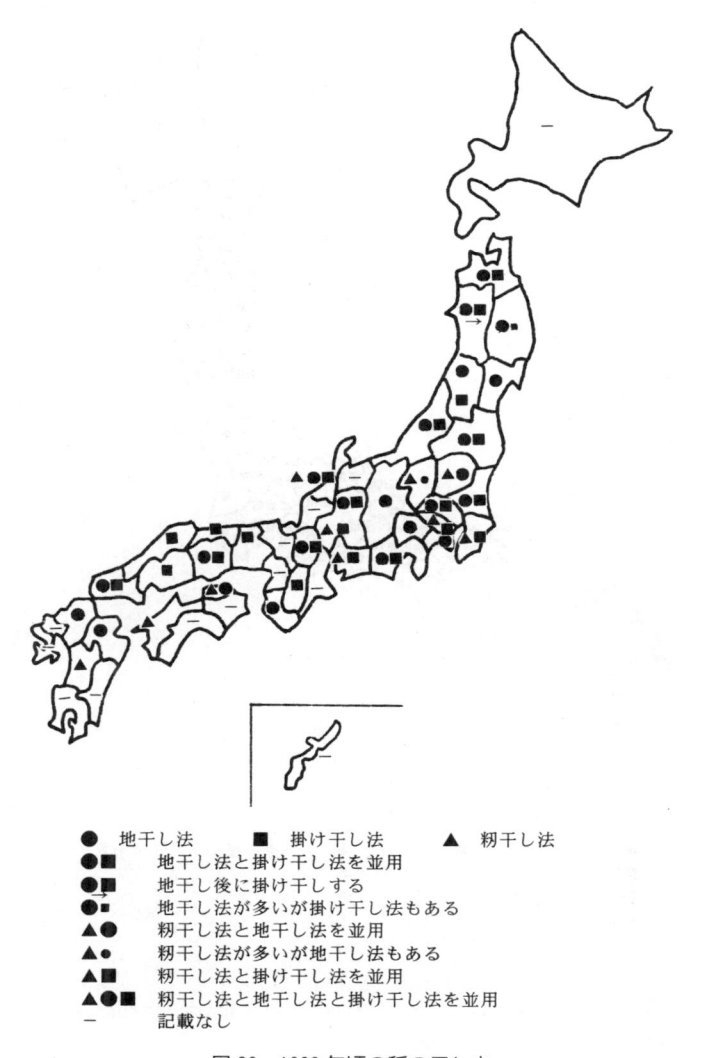

図 29　1880 年頃の稲の干し方
『日本農業発達史』2[(28)] 318-320 頁の第 38 表から作成（原典は『稲田耕作慣習法』と『農談会日誌』）。

130　第2部　農耕技術論叢

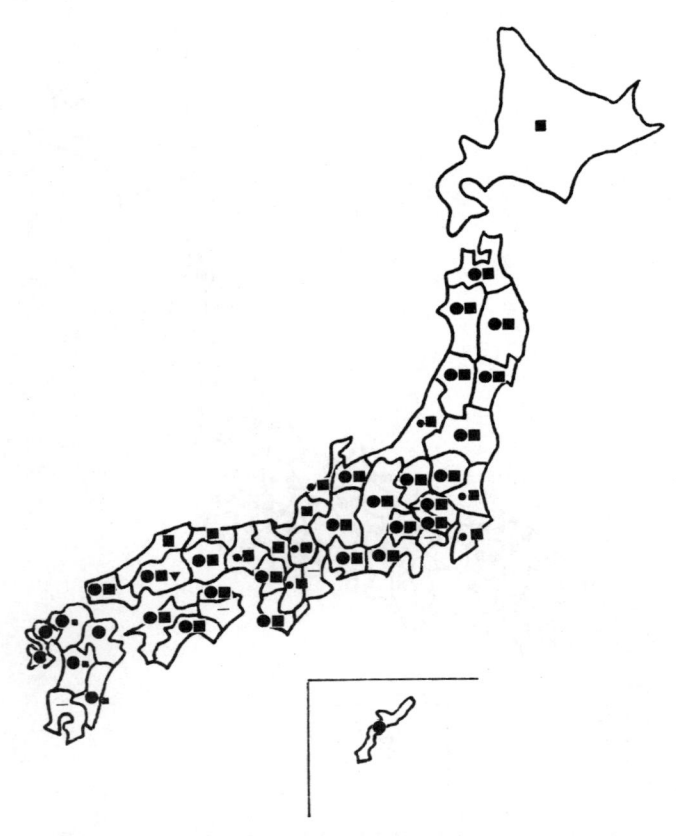

● 地干し法　　■ 掛け干し法　　▼ 穂の束を干す方法
●■ 地干し法と掛け干し法を並用
●▪ 地干し法が多いが掛け干し法もある
•■ 掛け干し法が多いが地干し法もある
― 記載なし

図30　1910〜20年頃の稲の干し方
『都道府県別日本の民俗分布地図集成』[29]が記載する大正年間の「稲の干し方」の地図から作成。

で並用されるか，掛け干し法の割合が大きいが地干し法もおこなわれていた場所が多かった。東北地方には，数日地干ししてから掛け干しする地域が多く見られた。また，九州では相変わらず地干し法がおこなわれる中で，掛け干し法が普及し始めたことがわかる。広島県の瀬戸内海沿岸部では，穂の束をムシロに広げて干す方法をおこなっていたとの記述がある。

コンバインによる刈り取り脱穀作業が始まる前の時期に，我々の多くが見た稲架を使う掛け干し法が卓越した干し方になるのは，20世紀中頃のことなのである。

第4節　地干し法がおこなわれた理由を考える

近世から近代にかけての稲の干し方は，地干し法が卓越していた時期から，地干し法に掛け干し法が加わって両者が並用された時期へ，さらに掛け干し法が多くおこなわれるようになる時期へと移り変わってきた。

しかし，見方を転ずれば，地干し法は近世には広くおこなわれていたし，近代に入っても掛け干し法と並用されていたのである。それでは，なぜ地干し法は近世に広くおこなわれ，近代に入っても掛け干し法と並用されたのであろうか。それは農家の人々が地干し法が合理的な干し方であると考えていたからであろう。ここでは，地干し法の合理性について，2つの視点から筆者の解釈を述べてみたい。

（1）湿田でも地干しはできた

近世には湿田が多かったと言われている。しかし，湿田の多くは安定しない用水事情に対応するために田に溜った水を囲っておいた人為的な湿田であり，稲刈り前に水を落とせば，刈った稲束を田面に干すことができたと考えられる。

『農業全書』（1697年）は「水田をバ水の干ざるやうに　冬よりよく包ミをくべし　深田の干われたるハ甚よからぬものなり　寒中ハ　猶よく水をためて　こほらせをきて春耕すべし」（前掲（2）57-8頁），「泥田深田ハ　折々水を落して……陰気のつよき田ハ　水を落す手立もなくて叶ハぬ事なり」（同

137頁）と記述し，『門田の栄』（1835年）は「我在所（三河国）にては……水の中に入（稲を）刈て其水ハおとす事なく　田植る迄置事也　世間にいふ少々の金を設けんより　冬田に水をはれといへるを守り　乾かせハ麦をまくによき田までも水を溜おく也」（前掲（3）190頁）と記述している。いずれも，水のかけひきが可能な田であるにもかかわらず，冬に水を溜めておくことを奨励している。それは，灌漑水の供給量が不安定で，来年の稲の作季に稲が生育できるだけの水が得られない恐れがあったからである。

　したがって，稲刈り前に田の水を落して田面を乾かしておいて，刈った稲束を田面で干す作業をおこない，地干し作業が終わってから，水を入れて，水が漏れないように囲っておけばよいわけで，湿田でも稲束を干すことはできる。

　水が抜けきれない田もあったであろうが，穂先を上に向けるか，やや高刈りした刈株の上に刈った株を置いて干せば，籾が濡れることはない。また，加賀国の『農業図絵』[30]（1717年）は，「雨の時分　田の中に稲算積に仕る」（前掲（30）152頁）と，雨天の時は田面に稲束を積む作業を描いている（図27）。

　地干しにもさまざまな方法があったようで，陸奥国の『耕作噺』（1776年）は，穂先を上に向けて立てた稲束群の上に稲束を乗せる「島立」，竹2本を十字に組んで弓形に田面に差し込んで稲束を立てかける「籠立」，「島立」を畦畔でおこなう「結立」と呼ぶ方法で地干しすれば，籾がよく乾くと記述している（前掲（25）97頁）。

（2）掛け干し法は労力がかかる

　掛け干し法は地干し法よりも多くの労力がかかる。その理由は，次の3つである。

　第一に，近世は現在よりも背丈が高い稲が多かった。稲藁が多様な用途に使われていたので，株稈の長い稲が好んで作られたからである。したがって，逆さに掛ける稲束の穂先が田面につかないようにするには，稲架の横木を高い位置に設定せねばならず，その位置まで稲束を持ち上げる分だけ，多くの労力がかかる。ちなみに，筆者は在来稲5種類とコシヒカリを栽培しており，そのうちの在来稲3種類は，コシヒカリよりも30〜50cmほど株稈が長い（図31・

第 8 章　近世以降の稲の干し方の分布について　　133

図31　コシヒカリと在来稲の株丈
左がコシヒカリ，右が在来稲。女性の身長は150cm。稲架に掛けると，この女性が稲束を掴んでいる位置が稲架の横木の位置になる。在来稲は肩よりも高い位置に横木があるので，持ち上げて掛けることになる。（筆者撮影）

図32　同じ高さの稲架に掛けたコシヒカリと在来稲の姿
左2列がコシヒカリ，右2列が2種類の在来稲。右端の在来稲の穂先は田面に着いている。（筆者撮影）

32)。この3種類は稲架の横木の位置を高くし，稲束を持ち上げる姿勢で稲架の横木に掛けているが，その分だけ他の稲より労力が多くかかる。

　第二に，近世から20世紀初頭頃までの日本人は，現代人よりも10cmほど背丈が低かった[31]。したがって近世から20世紀初頭までの人には，稲架の横木は背丈が低い分だけ，高い位置に見えたはずである。その横木の位置まで稲束を持ち上げる作業はかなりの労力がかかり，苦痛である。

　これら2つの理由で，近世から20世紀初頭の人が見る稲架の横木の位置は，現代人の目線よりもおそらく30cm以上高くなり，稲束を持ち上げる姿勢で横木に掛けることになるので，多くの労力がかかることがおわかりいただけるであろう。

　第三に，掛け干し法は稲束を干すための施設作りと片付けに多くの労力がかかる。

　これら3つの難点がある掛け干し法に対して，地干し法は，背丈が低い人でも背丈が高い稲束を楽に扱えるし，稲束を干すための施設作りと片付けの手間がいらない。地干し法は合理的な稲束の干し方だったのである。

第5節　なぜ掛け干し法は普及したか

　この章の目的は2つあった。第一の目的は，稲の干し方の地域比較が可能な資料が得られる近世から20世紀前半までの期間に5つの時期を設定して，各時期の稲の干し方の分布図を描き，それぞれの時期における地域比較をおこなうことと，ある地域における干し方の変遷の有無について記述することであった。第二の目的は，地干し法が近世にひろくおこなわれ，近代に入っても掛け干し法と並用されていた理由について，筆者の解釈を記述することであった。

　第一の目的の結果を端的に記述するとすれば，近世から近代にかけて，地干し法から掛け干し法に変わっていったということである。その理由は，掛け干し法は穂先が均等に空気に触れるために，地干し法よりも籾の水分含有率を揃えることができ，これが市場での米の評価を高めたからであろう。この動きの中で目立つのは，九州が一貫して地干し法だったことであるが，その理由はわ

からない。

　ただし，地干し法は逐次消滅していったわけではなく，近世後半から近代にかけて，掛け干し法と並用されていたことも明らかになった。そして，稲野藤一郎と朝野明[32]の報告によれば，20世紀後半でも地干しをおこなう地域が全国に散見される。

　現在の日本人の多くが稲刈り後の水田の原風景としてイメージしているであろう稲架による掛け干しの歴史は，たかだか200年ほどであり，かつ掛け干し法が卓越するようになるのは20世紀中頃のことなのである。

　次に，第二の目的の考察結果を要約する。近世後半から近代にかけて地干し法が掛け干し法と並用されていたのは，それなりに理由があった。

　第一に，近世には湿田が多かったとされるが，その多くは安定しない用水事情に対応するために田に溜った水を囲っておいた人為的な湿田であり，稲刈り前に水を落とせば，刈った稲束を田面に干すことができたと考えられる。干す作業が終わってから，また水を入れて漏れないように囲っておけばよいわけで，湿田でも稲束を干すことはできる。

　第二に，近世は現在よりも背丈の高い稲が多かった。したがって，逆さに掛ける稲束の穂先が田面につかないようにするには，稲架の横木を高い位置に設定せねばならない。また，近世から20世紀初頭頃までの日本人は現代人よりも背丈が低かったので，稲架の横木はもっと高い位置に見えたはずである。その横木まで稲束を持ち上げる作業を続けるのは，かなり苦痛である。さらに，掛け干し法は稲束を干すための施設作りと片付けに労力がかかる。地干し法ならば，背丈が低い人でも背丈が高い稲束を楽に扱えるし，稲束を干すための施設作りと片付けの手間がいらない。

　それではなぜ，近世後半から近代にかけて掛け干し法が普及し，地干し法と並用され，次第にその割合を大きくしていったのか。掛け干し法が地干し法よりも確実に稲束を干せるという理由だけでは，説明しきれない。

　筆者は，営農を指導する側が掛け干し法を奨励または強制したからであろうと解釈したい。米市場で評価を得る方法のひとつが，穀粒中の水分を15％ほどに揃えることであり，それを実現させる方法が，籾粒を田面につけない掛

干し法であった。この視点に立てば，近世における地域の営農の規範が記述されている農書が掛け干し法を奨励し，近代に入ってからは地方の行政組織が掛け干し法を半ば強制したことの理由を，自ずと説明できるのである。そして，掛け干し法を奨励または強制された農民も，掛け干し法の効用を少しずつ体得するようになっていった。さらに，ここ100年ほどの間に，稲の背丈は低く，人の背丈は高くなるにつれて，人の目線から見た稲架の横木の位置が低くなったために，掛け干し作業を以前よりも楽におこなえるようになったことも，掛け干し法の普及を速める方向に作用した。

こうして掛け干し法の割合が高くなっていき，20世紀中頃には掛け干し法が卓越するようになったというのが，筆者の解釈である。この解釈への読者諸氏のご批判を乞いたい。

注
(1) 河野通明（1997）「稲の掛干しの起源についての基礎的考察」国立歴史民俗博物館研究報告71，729-51頁．
(2) 宮崎安貞（1697）『農業全書』．（山田龍雄ほか翻刻，1978，『日本農書全集』12，農山漁村文化協会，3-392頁）．
(3) 大蔵永常（1835）『門田の栄』．（別所興一翻刻，1998，『日本農書全集』62，農山漁村文化協会，173-214頁）．
(4) 茶屋村宇兵衛ほか（1840）『九州表虫防方等聞合記』．（小西正泰翻刻，1979，『日本農書全集』11，農山漁村文化協会，163-201頁）．
(5) 著者未詳（1830-44）『郷鏡』．（月川雅夫翻刻，1979，『日本農書全集』11，農山漁村文化協会，85-124頁）．
(6) 著者未詳（1819）『合志郡大津手永田畑諸作根付根浚取揚収納時候之考』．（松本寿三郎翻刻，1982，『日本農書全集』33，農山漁村文化協会，173-234頁）．
(7) 王禎（1313）『農書』．（王毓瑚校，1981，農業出版社，251-252頁）．
　　王禎『農書』の該当箇所は，徐光啓撰（1638）『農政全書』（石声漢校注『農政全書校注』中，1979，上海古籍出版社，558-559頁）に引用されている．宮崎安貞は『農政全書』の該当箇所を日本語訳したと思われる．
(8) 土居水也（年代未詳）『清良記』．（松浦郁郎・徳永光俊翻刻，1980，『日本農書全集』10，農山漁村文化協会，3-204頁）．
(9) 大野正盛（1862）『農業手曳草』．（蔦優翻刻，1999，『日本農書全集』41，農山漁村文化協会，199-211頁）．
(10) 細木庵常・奥田之昭（1834）『耕耘録』．（横川末吉翻刻，1982，『日本農書全集』30，農山漁村文化協会，3-143頁）．

(11) 源八 (1843)『豊秋農笑種』．(内田和義翻刻, 1994,『日本農書全集』61, 農山漁村文化協会, 25-57 頁).
(12) 山田一郎・福田晟・伊藤憲弘 (1977)「島根県における稲架（はで）の類型分布と，その成立要因」山陰文化研究紀要 17, 117-138 頁.
(13) 児島如水・徳重 (1793-1818)『農稼業事』．(田中耕司翻刻, 1979,『日本農書全集』7, 農山漁村文化協会, 3-123 頁).
(14) 山本喜三郎 (1823)『山本家百姓一切有近道』．(徳永光俊翻刻, 1982,『日本農書全集』28, 農山漁村文化協会, 121-285 頁).
(15) 久下金七郎 (1837 頃)『農業稼仕様』．(堀尾尚志翻刻, 1982,『日本農書全集』28, 農山漁村文化協会, 317-324 頁).
(16) 木下清左衛門(1842)『家業伝』．(岡光夫翻刻, 1978,『日本農書全集』8, 農山漁村文化協会, 3-292 頁).
(17) 土屋又三郎 (1707)『耕稼春秋』．(堀尾尚志翻刻, 1980,『日本農書全集』4, 農山漁村文化協会, 3-318 頁).
(18) 鹿野小四郎 (1709)『農事遺書』．(清水隆久翻刻, 1978,『日本農書全集』5, 農山漁村文化協会, 3-193 頁).
(19) 太刀川喜右衛門 (1809)『やせかまど』．(松永靖夫翻刻, 1994,『日本農書全集』36, 農山漁村文化協会, 149-345 頁).
(20) 長尾重喬 (1859)『農稼録』．(岡光夫翻刻, 1981,『日本農書全集』23, 農山漁村文化協会, 3-128 頁).
(21) 大坪二市 (1865 頃)『農具揃』．(丸山幸太郎翻刻, 1981,『日本農書全集』24, 農山漁村文化協会, 3-199 頁).
(22) 山崎譲平 (1856-7)『日知録』．(田﨑哲郎・湯浅大司翻刻, 1994,『日本農書全集』42, 農山漁村文化協会, 365-447 頁).
(23) 大関増業 (1817)『稼穡考』．(稲葉光國翻刻, 1980,『日本農書全集』22, 農山漁村文化協会, 95-132 頁).
(24) 遠藤伊兵衛 (1841)『仕事割控』．(松澤和彦翻刻, 1995,『日本農書全集』63, 農山漁村文化協会, 337-354 頁).
(25) 中村喜時 (1776)『耕作噺』．(稲見五郎翻刻, 1977,『日本農書全集』1, 農山漁村文化協会, 13-121 頁).
(26) 長崎七左衛門 (1816)『農業心得記』．(田口勝一郎翻刻, 1994,『日本農書全集』36, 農山漁村文化協会, 93-129 頁).
(27) 勝部眞人 (2002)『明治農政と技術革新』吉川弘文館, 87-114 頁.
(28) 安田健(1954)「稲作の慣行とその推移」農業発達史調査会編『日本農業発達史』2, 第六章, 中央公論社, 318-320 頁.
(29) 都道府県教育委員会編 (1999-2003)『都道府県別日本の民俗分布地図集成』東洋書林.
(30) 土屋又三郎 (1717)『農業図絵』．(清水隆久翻刻, 1983,『日本農書全集』26, 農山漁村文化協会, 271 頁).
(31) 鈴木尚 (1971)『化石サルから日本人まで』岩波書店, 201 頁.

鈴木尚（1983）『骨から見た日本人のルーツ』岩波書店，15-16頁．
　　　梅村又次ほか（1988）『長期経済統計2　労働力』東洋経済新報社，14-15頁。
(32)　稲野藤一郎（1981）『ハサとニホ』ハサとニホの会，333頁．
　　　浅野明（1981）「稲の穂上立干しの方法」民具マンスリー 23-10, 1991, 10-15頁．「稲干しの立樹・縄・万年稲架について」同 25-2, 1992, 8-18頁．「稲干しの棒掛け・小屋ニオ・ヨヅクハデについて」同 25-6, 1992, 17-24頁．「稲干しの三又と合掌稲架について」同 25-12, 1993, 1-8頁．「稲干しの斜め稲架について」同 26-5, 1993, 1-6頁．「稲の枝掛け干しについて」同 27-2, 1994, 22-24頁．「稲の穂下立干しについて（1）」同 28-11, 1996, 1-7頁．「稲の穂下立干しについて（2）」同 28-12, 1996, 12-18頁．「稲の平干しについて」同 29-10, 1997, 1-8頁．
　　　浅野明（2005）『稲干しのすがた』文芸社，245頁．

参考文献

西村嘉助・牧野洋一（1959）「稲架の分布とその意義」人文地理 16-4，1-14頁．
福井英夫（1964）「横手盆地における稲の乾燥景観」東北地理 16-3，151頁．
古島敏雄（1947）『日本農業技術史』上巻，時潮社．（『古島敏雄著作集』6，1975，東京大学出版会，166-167頁）．
安田初雄（1950）「北陸地方の稲架樹分布」地理学評論 16-10，1-15頁．

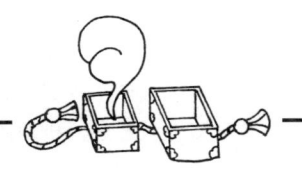

話の小箱（3）水田では連作障害は起こらない

　同じ農作物を作り続けると生育が悪くなり，収穫量が落ちる現象を，科学者は「連作障害」と呼んでいます。これを農民は「いやち」と呼び，忌地・旧地・恐地・再地・弥地などの字をあててきました。連作障害が起こる原因はさまざまありますが，線虫の大量発生や，農作物が吸収しない塩類が地表面近くに蓄積して，農作物の生育が悪くなるといった話を聞いたことはありませんか。

　たとえば，ある年に陸稲を作った畑では，その後3年ほどは陸稲以外の農作物を作ります。そうしないと，陸稲を作る年に満足な収穫量が得られないからです。しかし，同じ稲でも，水田で作る稲で連作障害が起こったとの話は聞いたことがありません。日本では，開発時期が古い水田だと2,000年以上も稲を作り続けてきましたが，そんな水田でも毎年一定量の米が収穫されています。

　稲は植物ですので，根から無機物を吸い上げて生育し，子孫を残します。人間はその子孫のうち，来年の種籾を除く大半を食べてきました。灌漑水の中には一定量の物質が含まれており，それが無機物であれば稲の根は吸収しますが，有機物の場合は水中や土壌中に無数にいる微生物が無機物に分解してから，稲の根が吸収することになります。したがって，まったく肥料をやらなくても，毎年一定量の米が穫れます。肥料とは，穫れる米の量をさらに増やすために人間が水田に入れる物質で，稲の根がそれを吸収するまでの過程は，灌漑水が運んできた物質とまったく一緒です。こうして，稲は自分の体を作り，子孫を残す仕事をします。前者を栄養生長，後者を生殖生長と呼びます。その過程で稲の根が吸収せずに水田の土壌中に残ったものが溜まると，稲の生育に悪い影響を及ぼして，いわゆる連作障害が起こるはずですが，そうはなりません。

水田で連作障害が起こらないのは，稲が吸収しなかったものを，水が地下に浸透するときに運び降ろしてくれるか，排水路から流出するときに運び出してくれるからです。また，稲が湛水状態の水田で育っている間は，畑でみられるような，水に溶けた不要な無機物が毛細管現象で表土近くに上がってきて農作物の生育を妨げることは起こりません。

　水田という絶妙な生態システムのおかげで，我々は2,000年以上にわたって稲を作り，米を食べ続けることができたのです。

第9章　渥美半島の稲干場

第1節　19世紀中頃に変わる渥美半島の稲の干し方

　大蔵永常は，1834（天保5）年5月から1839（天保10）年12月までの間，三河田原藩で御産物殖産方の職を得て，田原藩の産業振興に携わる。しかし，解雇されるまでの約5年間，大蔵永常の意図はほとんど実現しなかったようで，1859（安政6）年に刊行した『広益国産考』[1]の中で，大蔵永常は田原藩の保守的な姿勢を暗に批判している（前掲（1）232-234頁）。

　農書『門田の栄』[2]は，大蔵永常が三河田原藩に仕官した翌年の1835（天保6）年10月以降に刊行された。仕官して間もない時期に刊行されているので，『門田の栄』には，大蔵永常が田原藩領に普及させようと考えていた農耕技術が記述されていると思われる。

　『門田の栄』の舞台は東海道の宮宿から桑名宿に向かう船の中であり，下総国・三河国・摂津国と九州の農夫が，経験したり見聞した農耕技術について語り合う場面設定で記述されている。4人の会話の内容から見て，農耕技術の水準は摂津国が高く，次が九州で，下総国と三河国は低い。

　『門田の栄』が記述する望ましい稲作技術の内容は，稲刈り前に田の水を落とし，刈った稲を田で掛け干しして，麦か菜種を作付する二毛作をおこない，地力は適切な施肥で維持することであった。『門田の栄』は，これらを一連の作業としておこなうことを奨励している。

　渡し船に乗り合わせた4人の会話の初めに，摂津国の農夫は「拙者若きとき諸用ありて三州へ参り　所々へ逗留せし事ありしが　頃ハ凡九十月なりき　先稲を刈を見るに　皆水田の中に入て刈　家に持かへり　切株の未だぬれて水

の垂るを其まゝ扱て干しあげ　籾ずりし　田ハ乾す事なく水を入て　麦を蒔事なし」（前掲（2）186頁）と述べている。また、会話の中で三河国の農夫は摂津国の農夫の見聞が適切であることを認め、そうする理由を「世間にいふ少々の金を儲けんより　冬田に水をはれといへるを守り　乾かせハ麦をまくによき田までも水を溜おく也」（同190頁）と説明している。

　この状態が三河国で続いていたとすれば、籾が付いた稲束を干すための場所は三河国にはなかったはずである。しかし、1884～85（明治17～18）年に作成された三河国各村の『地籍帳』と『地籍字分全図』[3]には「稲干場」という地目が記載されており、とりわけ近世の田原藩領を含む渥美半島に「稲干場」が多く分布する。

　矛盾するように思われるこの2つの事柄を、どう説明すればよいか。大蔵永常の技術指導の成果であるとの解釈で済めば事は簡単なのだが、『門田の栄』で大蔵永常が奨励したのは、稲を干すための場所を設置することではなく、水を落とせる田における稲と裏作物との二毛作であって、刈った稲を掛け干しすることは水田二毛作をおこなうための一連の技術の一部にすぎない。ここにもうひとつの糸が絡まっていて、事は簡単ではない。これら3つの糸の絡まりをどう解きほぐせば、19世紀後半の渥美半島に「稲干場」という地目が数多くあったことを矛盾なく説明できるか。これが本章の問題設定である。

第2節　本章の目的と考察の手順

　1884～85（明治17～18）年に作成された三河国各村の『地籍帳』と『地籍字分全図』を見ると、渥美半島の村々には「稲干場」と称される地目が、三河国内の他の村よりも多く記載されている。本章で「稲干場」とカッコ付きで記述する場合は、『地籍帳』と『地籍字分全図』が記載する地目のことである。

　なお、『地籍帳』では地目「田」の中の内数として「稲干場」の面積を記載する村がいくつかあるが、いずれも面積が小さく、また『地籍字分全図』に「稲

干場」の所在が記載されていないので，本章ではこの「稲干場」は考察の対象にしない。三河国各郡でこの「稲干場」がある村数と面積は，碧海郡が3村で3畝歩，南設楽郡が1村で18歩，幡豆郡が2村で16歩，合計6村で4畝4歩である。

本章ではまず，「渥美半島の村々に稲干場が数多くあったのは，大蔵永常が1830年代後半に田原藩領で営農の技術を指導した成果である」との作業仮説を設定する。そして，この作業仮説を前提に置いて，次の2つを明らかにする。

第一に，愛知県と三河国東部における1884～85（明治17～18）年の「稲干場」の分布と立地から読み取れることを記述する。

第二に，大蔵永常が田原藩で殖産の指導をおこなっていた19世紀前半の三河国の農耕技術の水準と，『門田の栄』で大蔵永常が奨励する農耕技術の水準を比べて見た場合の，渥美半島における稲干場の意味を考える。

この目的に合う結論を得るために，本章では次の3段階の手順で，事実の記述と考察をおこなう。

（1）1884～85（明治17～18）年に作成された愛知県各村の『地籍帳』と『地籍字分全図』から「稲干場」を検索し，その分布を見た後，三河国東部で「稲干場」がある村における「稲干場」の分布と立地を記述する。

（2）『地籍帳』と『地籍字分全図』が作成された頃の，渥美半島の稲干場における稲の干し方を推理する。

（3）19世紀前半の三河国の農耕技術の水準と，『門田の栄』で大蔵永常が奨励する農耕技術の水準を比べてみた場合の，渥美半島における稲干場の意味を明らかにする。

大蔵永常の著作は多く翻刻されており，事績と評価は『大日本農功傳』[4]以来数多くあり，近年では『田原町史中巻』[5]が田原藩在任中の大蔵永常の動向と人柄を簡潔に記述し（前掲（5）1111-1117頁），『門田の栄』を翻刻した別所興一は「解題」の末尾に先行業績を列挙している（前掲（2）215-230頁）。しかし，本章の目的と考察手順に近い先行業績を筆者は見ていないので，本章を世に問う意味はあると考える。

第3節　三河国東部における「稲干場」の分布と立地

(1) 愛知県で「稲干場」がある村の分布と1筆当り面積

　内務省の地籍編纂事業で1884〜85（明治17〜18）年に作成された愛知県各村の『地籍帳』から，「稲干場」の分布を見る。

　「稲干場」がある村は尾張国知多郡と三河国西部諸郡と渥美郡に多い（図33）。知多郡では「稲干場」がある村の割合が約6割を占めるが，「稲干場」1

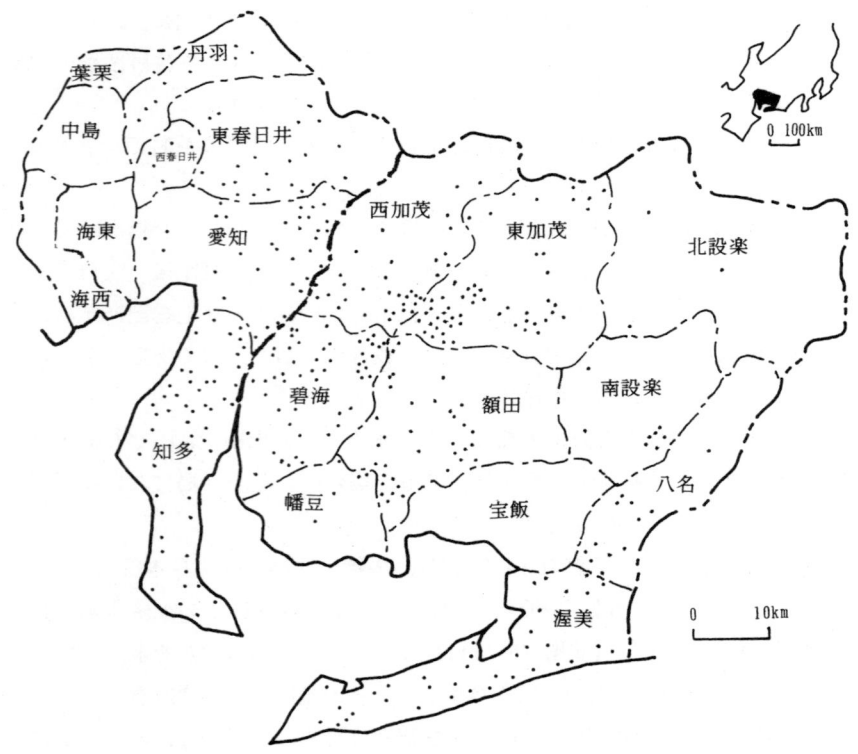

図33　愛知県で「稲干場」がある村の分布
明治17〜18年の各村の『地籍帳』から作成した。点ひとつが1村を示す。
図中の一点鎖線は郡の境界線。

表8 愛知県各郡の「稲干場」に関する諸数値

国名	郡名	『地籍帳』がある村数	「稲干場」がある村数と構成比	「稲干場」1筆当り面積	総面積中の「稲干場」の構成比
三河国 西部	碧海	149	59 (40%)	3畝15歩	0.6%
	幡豆	161	5 (3%)	6畝 3歩	0.1%
	額田	166	38 (23%)	4畝29歩	0.2%
	西加茂	143	43 (30%)	8畝 5歩	0.5%
	東加茂	168	57 (34%)	2畝18歩	0.1%
三河国 東部	北設楽	54	3 (6%)	1畝15歩	0.0%
	南設楽	59	9 (15%)	5畝 3歩	0.0%
	宝飯	99	0 (0%)	—	—
	八名	42	12 (29%)	6畝15歩	0.1%
	渥美	77	38 (49%)	8畝25歩	0.1%
尾張国	愛知	103	29 (28%)	3畝 5歩	0.0%
	東春日井	109	21 (19%)	2畝13歩	0.0%
	西春日井	83	8 (10%)	1畝15歩	0.0%
	丹羽	103	9 (9%)	3畝15歩	0.1%
	葉栗	41	3 (7%)	1畝23歩	0.0%
	中島	147	0 (0%)	—	—
	海東	134	0 (0%)	—	—
	海西	93	0 (0%)	—	—
	知多	91	53 (58%)	2畝20歩	0.1%
合計		2,022	387 (19%)	4畝 8歩	0.1%

明治17〜18年の各村の『地籍帳』から作成した。

筆当り面積は小さい（表8）。渥美郡にはほぼ半数の村に「稲干場」があり，「稲干場」1筆当り面積は愛知県下の郡の中ではもっとも大きい（表8）。個々の「稲干場」の面積はばらつきが大きいので，1筆当り平均面積がその郡の「稲干場」の広さを代表するわけではないが，渥美郡の「稲干場」の1筆当り面積8畝25歩は，愛知県合計の約2倍の広さであった（表8）。渥美郡は愛知県の中では「稲干場」が多く分布し，かつ「稲干場」1筆当り面積が大きい場所なのである。

（2）愛知県の農村景観の中で「稲干場」が占める位置

愛知県各村の総面積中に「稲干場」が占める割合は，ほぼすべての村が1％

表9 田の面積に対する「稲干場」の面積の割合

村　名	「稲干場」面積 町	反	畝	歩	田の面積 町	反	畝	田の面積を1とした場合の「稲干場」の値
碧海郡								
安城村	39	3	0	29	312	8	5	0.126
野田村	18	2	8	5	176	7	0	0.103
額田郡								
菱池村		3	8	10	17	8	9	0.017
南設楽郡								
片山村		4	7	27	15	4	3	0.031
八名郡								
玉川村	3	1	6	26	103	2	3	0.031
平野村	3	3	0	19	38	6	5	0.086
一鍬田村		6	6	24	40	8	7	0.016
渥美郡								
野田村	4	3	0	5	241	4	5	0.018
大久保村	1	6	6	21	82	0	3	0.020
吉胡村	1	3	7	26	43	2	0	0.032
愛知郡								
長久手村	1	3	1	14	130	9	4	0.010
知多郡								
大田村		8	4	14	106	9	3	0.008
横松村		4	3	8	25	3	2	0.017

明治17～18年の各村の『地籍帳』から作成した。

未満で，0.1％未満の村も多い。郡別で見ても同様である（表8）。表9は，「稲干場」がある村の中から，その面積が大きい13村について，田の面積を1とした場合の「稲干場」の値を示した表である。「稲干場」の面積は田の面積の10分の1から100分の1程度で，この面積では刈り取り日を分散させたとしても，「稲干場」だけで稲束を干すことはできない。

　したがって，近代初頭の愛知県の農村景観の中で，「稲干場」は目立つ構成要素ではなかったし，刈り取った全ての稲を「稲干場」で干したわけではないと考えられる。

第 9 章　渥美半島の稲干場　147

表 10　三河東部 4 郡の「稲干場」に関する諸数値

郡　名	「稲干場」がある村数	「稲干場」の筆数	「稲干場」の面積
北設楽	3　（5%）	5　（1%）	7 畝 15 歩　（0%）
南設楽	9　（15%）	13　（3%）	6 反 6 畝 6 歩　（2%）
八　名	12　（19%）	127　（26%）	8 町 2 反 5 畝 20 歩　（21%）
渥　美	38　（61%）	346　（70%）	30 町 5 反 5 畝 15 歩　（77%）
合　計	62（100%）	491（100%）	39 町 5 反 4 畝 26 歩（100%）

明治 17 ～ 18 年の各村の『地積帳』から作成した。

（3）三河国東部における「稲干場」の分布

　表 10 は，三河国東部の各村の『地籍帳』が記載する「稲干場」についての数値を郡ごとに集計して，「稲干場」の分布の概要を示した表である。この表から，「稲干場」がある村の 6 割，「稲干場」筆数の 7 割，「稲干場」面積の 8 割近くを渥美郡が占めていたことがわかる。

　図 34 は，「稲干場」がある村の位置に，その村の「稲干場」の筆数を示した図である。この図から，「稲干場」は三河国東部の中の南側に片寄って分布しており，とりわけ渥美郡に「稲干場」がある村が多いこと，八名郡と渥美郡に「稲干場」の筆数が多い村がいくつかあること，大蔵永常が殖産指導をした 19 世紀前半の田原藩領の村々にも「稲干場」が多くあることがわかる。

　図 35 は，「稲干場」の筆数と面積との関わりを見た図である。「稲干場」の筆数と面積は正の相関があるが，その関わりは小さく，小面積の「稲干場」が多数あったと思われる村や，筆数は少ないが大面積の「稲干場」があったと思われる村もある。田原藩領の村々も同様な分布になっているので，図 35 からは田原藩領の村々の特徴は見出せない。

　表 11 は，田原藩領の村のひとつであった渥美郡野田村の『地籍帳』が記述する，各地目の面積と地価と筆数を並べた表である。「稲干場」の単位面積当り地価は田の 160 分の 1 ほどで，山林なみの評価であった。野田村の「稲干場」の面積は三河国東部の村の中でもっとも大きく，「稲干場」の 1 筆当り面積は渥美郡平均の 1.7 倍あるが，村の総土地面積に占める「稲干場」の割合は 0.5% ほどであった。また，田の面積を 1 とすると「稲干場」の面積は 0.018（表 9）で，

148　第2部　農耕技術論叢

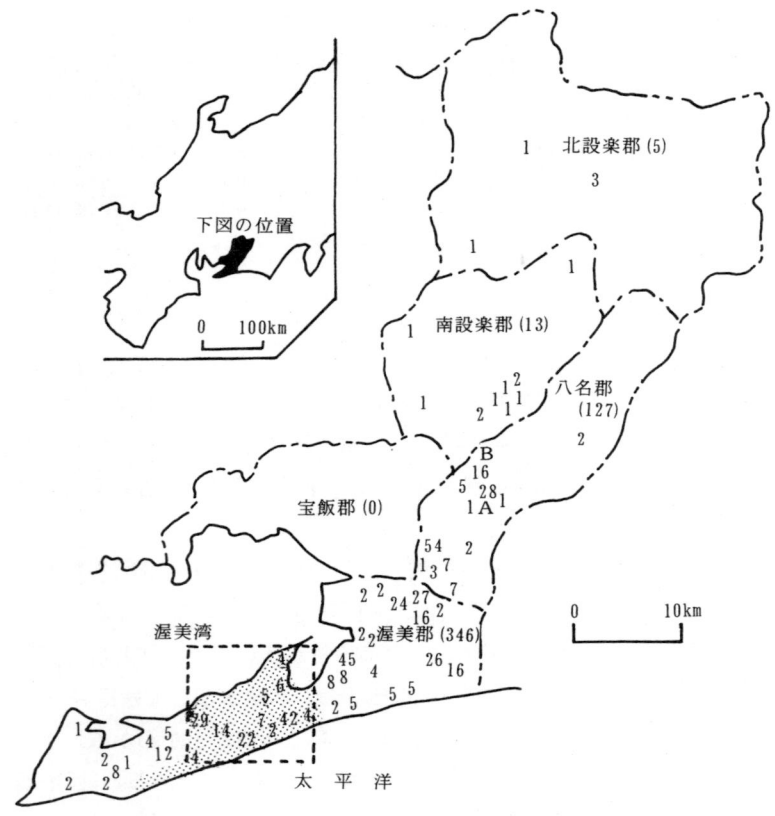

図34　「稲干場」がある村の位置と村ごとの「稲干場」の筆致

「稲干場」がある村の位置に，その村の「稲干場」の筆数を記載した。
郡名の右の（　）内の数字は，その郡の「稲干場」の総筆数。明治17～18年の
各村の『地籍帳』から作成した。
網ふせの部分は19世紀前半の田原藩領。図中の破線で囲んだ部分が図36の範囲。
図中の八名郡にあるAは図37の1，Bは図37の2の位置。

　稲の刈り取り日を分散させたとしても，この面積では稲を干す場は足りない。
　表12は，三河国東部で「稲干場」の筆数がもっとも多い八名郡玉川村の『地籍帳』が記述する，各地目の面積と地価と筆数を並べた表である。「稲干場」は村の総面積の0.6％を占める。田の面積を1とすると「稲干場」の面積は0.031

(反歩)

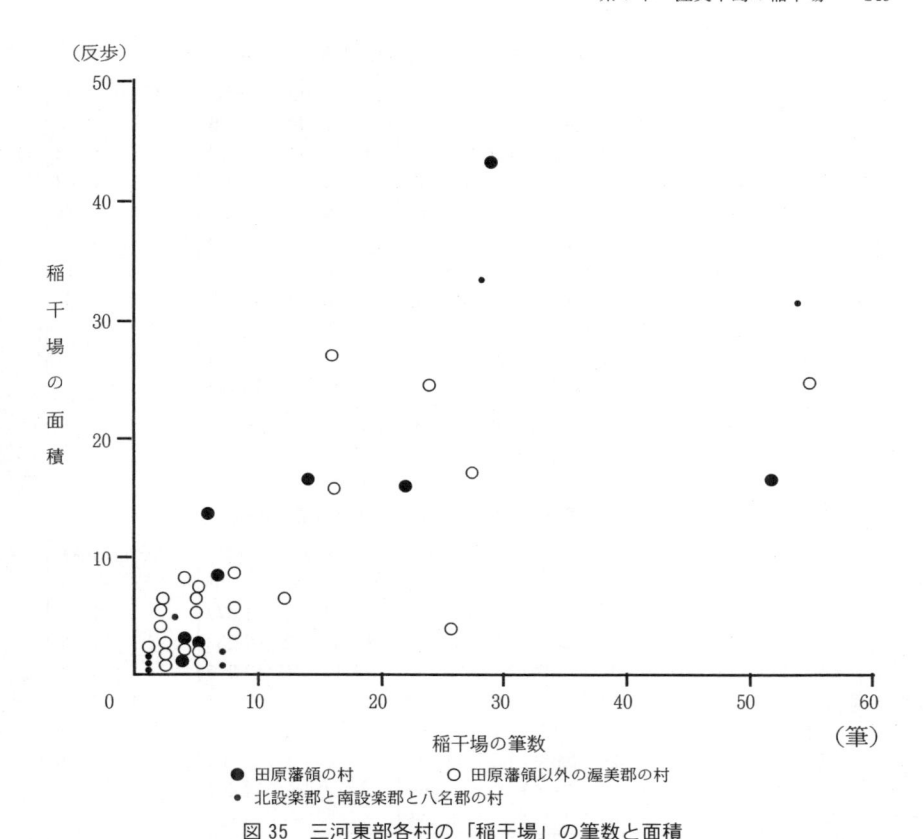

図35 三河東部各村の「稲干場」の筆数と面積
明治17〜18年の各村の『地籍帳』から作成した。

● 田原藩領の村　　○ 田原藩領以外の渥美郡の村
・ 北設楽郡と南設楽郡と八名郡の村

(表9)で，ここでも「稲干場」だけでは稲を干す場は足りない。「稲干場」の単位面積当り地価は田の120分の1ほどで，秣場（まぐさば）や野なみの評価であった。

　以上のことから，三河国東部の「稲干場」は南部，とりわけ渥美郡に片寄って分布していること，「稲干場」は村の景観の中で目立つ地目ではないこと，「稲干場」だけでは稲を干す場は足りないこと，「稲干場」の地価は林野なみに低いことが明らかになった。

表11 渥美郡野田村における各地目の面積と地価

地目		面積 町 反 畝 歩	地価 円 銭	1畝当り地価 円 銭 厘	筆数 筆	1筆当り面積 町 反 畝 歩
民有地	田	241 4 4 21 (29%)	99,628 94	4 12 6	4,781	5 02
	畑	130 3 6 07 (16%)	14,806 17	1 13 6	3,219	4 02
	宅地	25 3 8 27 (3%)	7,113 83	2 80 2	426	5 29
	用材山	194 1 0 00 (23%)	543 33	2 8	8	24 2 6 08
	用材林	110 0 5 01 (13%)	878 02	8 0	1,315	8 11
	稲干場	4 3 0 05 (0.5%)	11 18	2 6	29	1 4 25
	その他	35 9 4 00 (4%)	—	—	680	—
官有地		92 4 7 19 (11%)	—	—	341	—
合計		834 0 6 20 (100%)	—	—	10,799	—

『渥美郡野田村地籍帳』(明治17年12月調) から作成した。

表12 八名郡玉川村における各地目の面積と地価

地目		面積 町 反 畝 歩	地価 円 銭	1畝当り地価 円 銭 厘	筆数 筆	1筆当り面積 町 反 畝 歩
民有地	田	103 2 3 03 (19%)	49,769 13	4 82 1	1,577	6 16
	畑	109 4 4 11 (20%)	21,134 96	1 93 1	2,252	4 26
	宅地	18 8 0 18 (3%)	5,879 57	3 12 6	355	5 09
	秣場	24 3 8 24 (4%)	91 59	3 8	56	4 3 17
	野	3 4 0 05 (1%)	12 61	3 7	34	1 0 00
	稲干場	3 1 6 26 (0.6%)	12 30	3 9	54	5 26
	その他	214 7 4 01 (39%)	—	—	2,407	—
官有地		72 2 6 07 (13%)	—	—	513	—
合計		549 4 4 05 (100%)	—	—	7,248	—

『八名郡玉川村地籍帳』(明治18年1月調) から作成した。

(4) 三河国東部における「稲干場」の立地

　図36は，19世紀前半に田原藩領であった村々における「稲干場」の分布を示した図であり，丸印ひとつが「稲干場」1筆である。図34に図36の位置を表示してあるので，参照されたい。この図を見ると，「稲干場」がどのような場所に立地していたかがわかる。

　「稲干場」の多くは田の脇の傾斜地か宅地周りに立地しており，田の中の微高地に立地する「稲干場」は少ない。これは，刈った稲をある程度の距離運ん

第 9 章　渥美半島の稲干場　151

図 36　渥美半島東部における「稲干場」の分布
各村の『地籍字分全図』から拾った「稲干場」を，縮尺 5 万分の 1 地形図（明治 23 年測図「豊橋町」「蒲郡」「田原」「伊良湖岬」）に記入した。丸印ひとつが「稲干場」1 箇所。
図の範囲は旧田原藩領とほぼ一致する。図中の番号 3 と 4 と 5 は図 37 の 3 と 4 と 5 の位置。

で干していたことを意味する。したがって，田の脇の傾斜地と宅地周りの「稲干場」は，刈り取り期には稲束で埋まる景色が展開していたと思われる。

　図 37 は，三河国東部の「稲干場」の中から 5 箇所を拾って，「稲干場」の立地と形態を示した図である。

　図 37 の 1 は，三河国東部でもっとも面積が大きい 1 町 2 反歩の「稲干場」である。この「稲干場」は八名郡平野村にあって，場所は図 34 に記号 A で示

152　第2部　農耕技術論叢

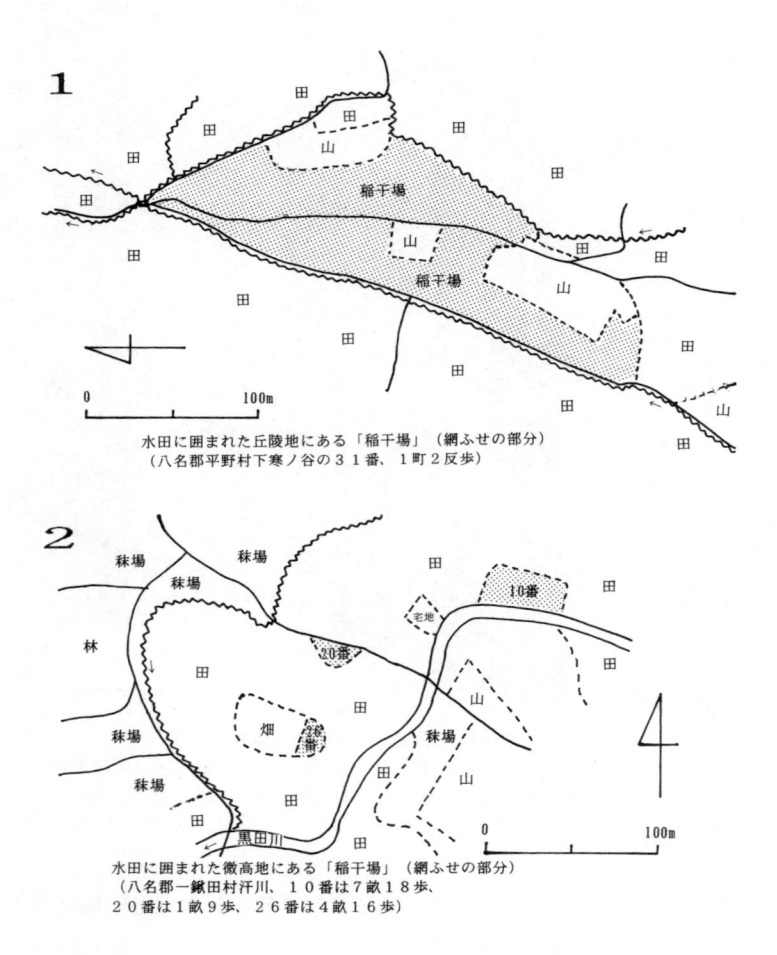

図37　「稲干場」がある場所と周辺の土地利用

1　水田に囲まれた丘陵地にある「稲干場」（網ふせの部分）
　（八名郡平野村下寒ノ谷の31番，1町2反歩）

2　水田に囲まれた微高地にある「稲干場」（網ふせの部分）
　（八名郡一鍬田村汗川，10番は7畝18歩，
　20番は1畝9歩，26番は4畝16歩）

いずれの図も道を実線で，水路を波線で，地目の境界を破線で表示してある。1と2の位置は図34にAとBの記号で示し，3と4と5の位置は図36に示してある。

第9章 渥美半島の稲干場　153

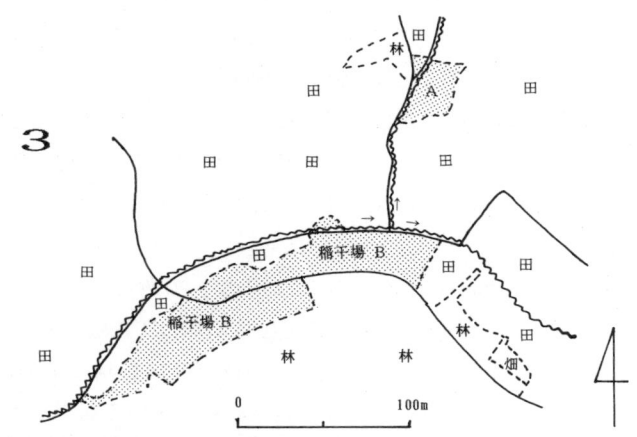

水田に囲まれた微高地にある「稲干場」（Aの網ふせの部分）（渥美郡野田村下桜の6番、8畝17歩）
水田脇の傾斜地にある「稲干場」（Bの網ふせの部分）（渥美郡野田村長代の1番、1反4畝21歩）

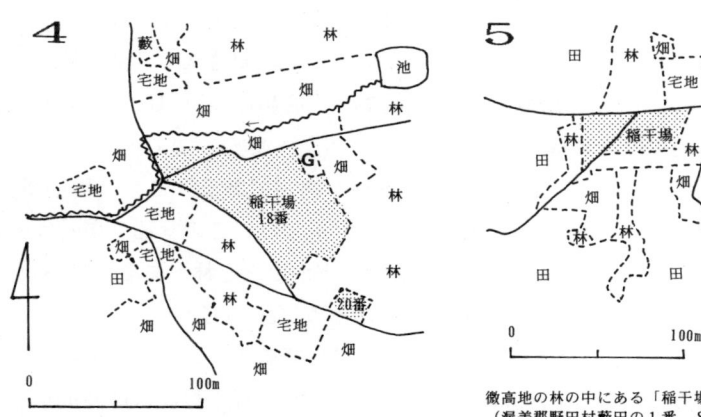

図中の記号Gは埋葬地
宅地周りの傾斜地にある「稲干場」（網ふせの部分）
（渥美郡野田村才ノ神、18番は29歩、20番は1反9畝歩）

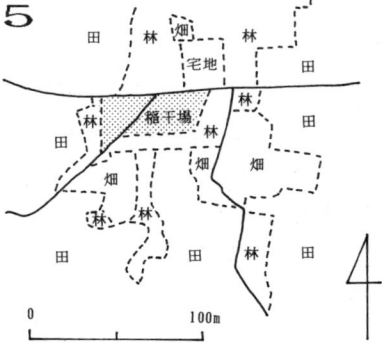

微高地の林の中にある「稲干場」（網ふせの部分）
（渥美郡野田村藪田の1番、8畝27歩）

してある。この「稲干場」は北に向かって突き出した丘陵の先端に位置し，丘陵と周囲の田との標高差は 10m ほどある。したがって，ここは田の脇の傾斜地にある「稲干場」であり，ほぼ丘陵全体が「稲干場」に使われている。この「稲干場」は，両側の棚田の稲を干す場所だったのであろう。土地の古老は「ここが昔は稲を干す場だったと聞いたことはあるが，自分がここに稲を干した経験はない」という。この「稲干場」は，今はほとんどが柿畑になっている（図38）。

　図37の2は，田の中の微高地に立地する「稲干場」である。この「稲干場」は八名郡一鍬田(ひとくわだ)村にあって，場所は図34に記号Bで示してある。26番の「稲干場」と隣の畑は，周囲の水田よりも1.5〜2mほど高い卓状の土地にある。上部は平たいが，端の部分は急傾斜になっているので，かつて河川が削り残した微高地であろう。この微高地は今は未利用地になっているが，まだ草が生えている状態なので，畑作物を作らなくなったのは近年のことであろう（図39）。

　図37の3は，田に囲まれた微高地にある「稲干場」（図中の記号A）と，田の脇の傾斜地にある「稲干場」（図中の記号B）である。2つの「稲干場」は渥美郡野田村にある。場所は図36に番号3で示した。記号Aの「稲干場」は北から南に延びる舌状の微高地の先端に位置し（図40），記号Bの「稲干場」は山の斜面の末端に位置する。

　図37の4は，宅地周りの傾斜地にある「稲干場」である。この「稲干場」は渥美郡野田村にある。場所は図36に番号4で示した。この「稲干場」は山麓の斜面に位置している。田と「稲干場」の間に宅地と畑と林があるので，刈った稲束は「稲干場」に運びあげて干したのであろう（図41）。

　図37の5は，微高地の林の中にある「稲干場」である。この「稲干場」は渥美郡野田村にある。場所は図36に番号5で示した。「稲干場」は微高地上にあって，林と宅地に囲まれている。ここも図37の4と同様，刈った稲束を運び込んで干す場であるが，図37の4よりは田と「稲干場」の標高差が小さい。

　以上述べたように，近代初頭の三河東部の「稲干場」の多くは，刈った稲を田の脇の傾斜地か宅地周りに運んで干す場であることが明らかになった。

　ちなみに，ここに取り上げた「稲干場」の中には，『地籍帳』の面積と『地

第 9 章　渥美半島の稲干場　　155

図 38　平野村にあった 1 町 2 反歩の「稲干場」
図 37-1 を南東方向から見た風景。正面の標高 10 m ほどの丘陵のほとんどが「稲干場」であった。

図 39　一鍬田村にあった微高地上の「稲干場」
図 37-2 の 26 番の「稲干場」を南西方向から見た風景。正面の卓状地の一部にあった。

図 40　野田村にあった微高地先端の「稲干場」
図 37-3 の A 地点を西方向から見た風景。正面奥のハウスのあたりが周辺の水田よりもやや高くなっており、そこに「稲干場」があった。

図 41　野田村にあった山麓斜面の「稲干場」
図 37-4 を南西方向から見た風景。正面屋敷群の上にある畑のあたりが「稲干場」であった。

籍字分全図』が描く大きさが一致しない場合がある。一例をあげると，図 37 の 2 の 26 番の面積は 20 番の面積の 3.5 倍あるのだが，『地籍字分全図』にはほぼ同じ面積の場所のように描かれている。地価が低い「稲干場」は，どこに位置するかがわかればよいという程度の扱いの地目だったからであろう。

第 4 節　渥美半島の稲干場における稲の干し方

『門田の栄』に登場する摂津国の農夫は，三河国では籾干し法をおこなっていると述べ，三河国の農夫はそれを認めていることを，本章の冒頭で記述した。したがって，大蔵永常が見聞した三河国の稲の乾燥法は，籾干し法であったことになる。

18 世紀中頃の田原藩では籾干し法がおこなわれていて，藩はこれを止めるよう命令する法令を出している。すなわち，田原藩『宝暦十四（1764）年 萬留帳』の中に，ここ 20 年ほどの間に普及した「せんこばし」（せんばこき）を使って，刈った稲をすぐに脱穀して籾を干すようになったが，この方法では籾が十分乾かず，虫がつきやすくて米の品質が落ちるので，昔のように刈った稲をよく干してから「手こばし」（こきはし）で脱穀せよ，との法令が記載されている（前掲（5）310-311 頁）。

また『田原町史　中巻』が寛政期から享和期（1789〜1804年）の農作業の様相を説明するために掲載した野田村の鵜飼金五郎文書では，稲刈りの次の作業は稲こきになっており，稲干しの記述はない（前掲（5）177頁）ので，鵜飼家では刈った稲をすぐに脱穀していたと解釈することもできる。

　他方，1884〜85（明治17〜18）年に作成された『地籍帳』と『地籍字分全図』には，田原藩領があった渥美半島に多数の「稲干場」が記載されているので，『門田の栄』が刊行されてから半世紀後には籾付きの稲束を干す方式があったことになる。

　しかし，渥美半島の稲干場ではどのような方法で籾付きの稲束を干していたかがわかる史料を，筆者は今のところ見ていない。ここでは選択肢の中から筆者が妥当だと考える稲の干し方を選んでいく方法で，『地籍帳』と『地籍字分全図』が作成された頃の渥美半島の稲干場における稲の干し方を推理してみたい。

　まず，稲干場はどんな姿の稲を干す場だったか。2つの選択肢が考えられる。

　第一は，『門田の栄』が著作される前から渥美半島の村々には稲干場があって，稲を刈ってすぐに脱穀した生の籾を干していたとする選択肢で，稲干場は籾を干す場だとする考え方である。第二は，『門田の栄』の著作以降に渥美半島の村々に稲干場が設置されて，籾付きの稲束を干すようになったとする選択肢で，稲干場は籾付きの稲束を干す場だとする考え方である。筆者は稲干場という文字から見て，籾付きの稲束を干す場だとする第二の選択肢が妥当だと考える。

　次に，籾付きの稲束の干し方で，2つの選択肢が考えられる。

　第一は地干し法，第二は掛け干し法である。地干し法とは，刈った稲束を地面に寝かせて干すか，くくった稲束の穂先を上か下に向けて地面に立てて干す方法であり，後者は富士山型の稲束の群が一面に広がる景色になる。掛け干し法とは，刈った稲束を杭か稲架に掛けて干す方法である。

　大蔵永常は掛け干し法を奨励しており，『豊稼録』(6)（1826年）では田の中に稲架を組むか田の脇の立木に横木をくくりつけて稲束を干す絵を入れ（前掲（6）8丁），『再種方』(7)（1832年）では田の脇の斜面に一段と二段の稲架を組んで稲束を干す絵を入れ（前掲（7）266頁），『門田の栄』では田の中に稲架を組んで稲束を干す絵を入れている（前掲（2）189頁）（図42）。これらの絵と同

158　第2部　農耕技術論叢

『豊稼録』
『観農叢書』[6]の8丁を転載。

『再種方』
『日本農書全集』70[7]の266頁を転載。

『門田の栄』
『日本農書全集』62[2]の189頁を転載。

図42　大蔵永常の著書が描く稲束の掛け干し法

じ姿が19世紀後半の渥美半島で見られたとすれば，掛け干し法だったということになる。

　しかし筆者は，19世紀後半の渥美半島の稲干場では地干しがおこなわれたと考えている。『地籍字分全図』に描かれた渥美半島の「稲干場」の多くは，田の脇の傾斜地か宅地周りに立地していた。田よりも標高が高い傾斜地は乾い

ているし，風も通るので，稲架を組まなくても稲束は十分に乾くからである。また，19世紀の在来稲の多くは株高が現在の稲より高かったので，その分だけ稲架の横木の位置を高くせねばならないし，19世紀の日本人は一般に背が低かったので，稲束を両手で持ち上げる姿勢で肩よりも高い位置にある稲架に掛け，乾いたら稲架から外す作業はかなり苦痛だったと考えられるからである。

1920～30（大正9～昭和5）年頃の民俗を記録する『中部地方の民俗地図』所収の『愛知県民俗地図』[8]によれば，渥美半島では稲架による掛け干し法が4か所，地干し法が赤羽根町に1か所記載されているが（前掲（8）27頁），これは20世紀初頭の農事改良指導後の姿であろう。

以上のことから，19世紀後半の渥美半島の稲干場では地干しがおこなわれたというのが，筆者の推理である。

第5節　稲干場の意味

1884～85（明治17～18）年に作成された『地籍帳』と『地籍字分全図』を見ると，渥美郡には数多くの「稲干場」があった。このことはどのような意味を持つかを，農耕技術の水準の視点から考えてみたい。

1950（昭和25）年の『農林業センサス』[9]によれば，渥美半島にある田原町と赤羽根町と渥美町の水田の9割は一毛作田だったので（前掲（9）552-554頁），19世紀には一毛作田が9割を下回ることはなかったであろう。『門田の栄』に登場する4人の農夫のひとりである三河国の農夫は，三河国の田の状況について次のように述べている。

　　我が在所（の三河国）にては……水の中に入刈て其水ハおとす事なく　田植る迄置事也　世間にいふ少々の金を儲けんより　冬田に水をはれといへるを守り　乾かせハ麦をまくによき田までも　水を溜おく也（前掲（2）190頁）
　　我等が在所（の三河国）にてハ……西南ハ伊勢の方にあたり　山なく大灘なれバ　九月にいたりてハ　此方より日々吹風つよくして稲を吹あらすゆゑ　田水をおとせバ藁乾くがゆる　稲の穂乾きて風の為に吹切られて　籾

を田(た)の中(なか)へふきちらす　故(かるかゆゑ)に　水田(みづた)にいたし置(おか)ざれバ　大(おほ)きに損毛多(そんもうおほ)きによて　水(みづ)ハ落(おと)す事なし（同199-200頁）

すなわち，三河国の田は，人間が意図して水を入れたままにしておく湿田であった。田は稲を作る場であり，また立毛中の稲の水分が足りないと風で籾がこぼれ落ちるというのが，湿田にしておく理由であった。19世紀前半の三河国の水田農耕の技術水準は，湿田での水稲の一毛作段階だったのである。

『門田の栄』に登場する4人の農夫の1人である摂津国の農夫の見聞によれば，この状況は三河国だけではなく，東国ではどこでも見られたようである（前掲（2）186頁）。

そこで，摂津国の農夫は，稲刈り前に田の水を落とし（前掲（2）207-208頁），刈った稲を田の中に稲架を作って掛け干ししてから（同209頁）耕起して，麦を蒔くか菜種を植える（同211頁）水田二毛作をおこなうことを，三河国と下総国の農夫に奨めている。

水田二毛作をおこなうには，稲刈り前に田の水を落として，裏作物を作付できるように乾かしておく必要があった。しかし，田に1年中水が入っている19世紀前半の三河国の技術水準では，田の中で稲束を掛け干しすることも裏作もできなかった。稲刈り前に田の水を落とさず（湿田段階），二毛作をおこなわない（一毛作段階）三河国の技術水準は，摂津国の農夫が語る技術水準よりも2段階低かったのである。

そのような状態でも，籾付きの稲束を田から持ち出して風通しのよい場所で干せば，よく乾くであろう。田の脇に稲を干す場を作りさえすればよいので，それまで林や草地に該当する地目で呼ばれていた土地が，稲干場に転用されたと考えられる。『地籍帳』に記載された「稲干場」の地価が，山林や草地に該当する地目とほぼ同等だからである。こうして，19世紀中頃に籾付きの稲束を干すための地目である稲干場が新たに設置された。しかし，これで米の質は良くなったであろうが，三河国の技術水準は摂津国の農夫が奨励する技術水準よりも2段階低かったことに変わりはない。

大蔵永常が『門田の栄』で奨励した，稲刈り前の落水から裏作物の作付までの水田二毛作をおこなうための一連の技術は，19世紀中頃の三河国では普及

せず，水が入った状態の田から稲束を持ち出して干す場が新たにできるにとどまった。三河国そして田原藩領を含む渥美半島では，水田の耕作技術の向上を伴うことなく，刈った稲束を干す場だけが設置されて，新たな農耕景観が加わったのである。これが渥美半島に稲干場が数多く設置されたことの意味である。

第6節　作業仮説は成立する

　本章の目的は，1884〜85（明治17〜18）年に作成された三河国東部の各村の『地籍帳』と『地籍字分全図』を見ると，渥美半島の村々に「稲干場」が多く記載されているが，これは「大蔵永常が1830年代後半に田原藩領で営農の技術を指導した成果である」との作業仮定を立てて，第一に「稲干場」の分布と立地から読み取れることを記述し，第二に大蔵永常が田原藩で殖産の指導をおこなった19世紀前半の三河国の農耕技術の水準と，『門田の栄』で大蔵永常が奨励する農耕技術の水準を比べて見た場合の，渥美半島における稲干場の意味を考えることであった。

　三河国東部の「稲干場」の分布を見ると，渥美郡は「稲干場」がある村数の6割，「稲干場」総筆数の7割，「稲干場」総面積の8割近くを占めていた。渥美郡の中では「稲干場」の分布に片寄りはみられない。渥美郡の西半分が渥美半島で，近世には渥美半島のほぼ東半分が田原藩領であった。したがって，「稲干場」は田原藩に属していた村々にも多く分布していた。

　「稲干場」があるということは，籾付きの稲束を田から運び出して干したということである。『地籍字分全図』を見ると，「稲干場」の大半は田の脇の傾斜地か宅地周りに立地しており，田の中の微高地に設置された例は少ない。『地籍帳』は「稲干場」の地価を山林や草地の地価とほぼ同等に評価しているので，山林や草地が「稲干場」に転用されたようである。これが『地籍帳』と『地籍字分全図』から復原した「稲干場」の景観である。

　近世の三河国では，刈った稲をどこでどのように干していたか。1764（宝暦14）年の田原藩の記録と大蔵永常の著書『門田の栄』によれば，刈った稲をすぐに脱穀して籾を干す方法がおこなわれていた。そして，『門田の栄』が刊

行された1835（天保6）年から，『地籍帳』と『地籍字分全図』が作成される1884～85（明治17～18）年の間に，籾付きの稲束を干すための稲干場が新たに設置されて，刈った稲はこの稲干場で地干しされたと，筆者は考えている。水を入れたままの田よりも乾燥している傾斜地では，稲架に掛けなくても稲を干すことができたからである。

　近代初頭の渥美半島に稲干場が数多くあったことは，農耕技術の水準から見て，どのような意味を持つのだろうか。

　20世紀中頃の渥美半島では水田の9割が一毛作田であった。したがって，19世紀の一毛作田率は9割を下回ることはなかったであろう。『門田の栄』で三河国の農夫は「冬も田の水を落とさない」と述べ，人為的な湿田で一毛作がおこなわれていることを語っている。19世紀前半の三河国の水田農耕の技術水準は，人為的な湿田での水稲の一毛作段階だったのである。

　他方，『門田の栄』は水のかけひきができる水田での二毛作を奨励している。そのためには，稲刈り前に田の水を落として，裏作物を作付できる状態にしておく必要があった。水を落とせば，田の中で稲束を掛け干しすることも容易になる。したがって，1年中水が入っている湿田で一毛作をおこなう19世紀前半の三河国の技術水準は，『門田の栄』が奨励する耕作技術の水準よりも2段階低かったのである。そのような状況の中で，稲干場が新たに設置された。これで米の質は良くなったであろうが，『門田の栄』よりも2段階低い湿田一毛作の技術水準であったことには変わりがない。

　稲干場の設置は，大蔵永常が奨励した水田二毛作をおこなうための一連の技術の構成要素ではなく，刈った稲を干す場が新たにできるにとどまった。稲干場は，渥美半島における水田耕作の技術水準の向上を伴うことなく，籾付きの稲束を干す場として設置されたのである。これが渥美半島に稲干場が数多く設置されたことの意味である。

　ただし，田の面積に対する「稲干場」の面積は10分の1から100分の1程度で，刈取り日を分散させても，「稲干場」だけで稲束を干すことはできない。渥美半島では20世紀中頃まで多段式の稲架を畔に組んで干していたが，この方式がどの時期まで遡れるかがわかる資料を筆者はまだ見ていない。

第 9 章 渥美半島の稲干場　163

　「渥美半島の村々に稲干場が数多くあったのは，大蔵永常が 1830 年代後半に田原藩領で営農の技術を指導した成果である」との作業仮説に立って論じてきた。どれだけの数の読者が納得されるかはわからないが，この作業仮説は成立すると筆者は考えている．

　しかし，稲干場の設置は，大蔵永常が期待した姿とはかけ離れていた．大蔵永常が目指したのは水のかけひきができる田での二毛作であって，籾付きの稲束を稲架に掛けて干すことは水田二毛作をおこなうための一連の作業の構成要素にすぎなかったのだが，田原藩では相変わらず湿田で水稲の一毛作がおこなわれ，籾付きの稲束を干す場だけが水田の脇に新たに設置されたのである．

　籾付きの稲束を干す場が設置されたことによって，田原藩領の米の質が従来よりも向上したとすれば，自分の意図とは異なる結末になった渥美半島の秋の農耕景観を眺めて，大蔵永常は苦笑したのではなかろうか．

注
(1) 大蔵永常（1859）『広益国産考』．（飯沼二郎翻刻，1978，『日本農書全集』14，農山漁村文化協会，3-412 頁）．
(2) 大蔵永常（1835）『門田の栄』．（別所興一翻刻，1998，『日本農書全集』62，農山漁村文化協会，173-214 頁）．
(3) 『地籍帳』『地籍字分全図』は愛知県公文書館所蔵のものを用いた．
(4) 農商務省農務局（1892）『大日本農功傳』博文館，242-243 頁．
(5) 田原町文化財調査会編（1975）『田原町史 中巻』田原町教育委員会，1312 頁．
(6) 大蔵永常（1826）『豊稼録』再板本．（穴山篤太郎翻刻，1887，有隣堂，26 丁）．
(7) 大蔵永常（1832）『再種方』．（徳永光俊翻刻，1996，『日本農書全集』70，農山漁村文化協会，253-283 頁）．
(8) 愛知県教育委員会編（1979）『愛知県民俗地図』愛知県教育委員会，79 頁．
(9) 農林省統計調査部編（1961）『1960 年農林業センサス市町村別統計書 23 愛知県』農林統計協会，625 頁．

第 10 章　東アジアの人力犂

第 1 節　人力犂はこんな農具

　筆者は，世界の農耕技術の地域ごとの違いと，それを生み出した各地域の性格に関心を持っている。農地の耕起に使われる農具の形態と使用法の地域ごとの相違も，関心事のひとつである。

　筆者はかつて，岐阜県の山間部で使われていた人力犂の形態と用途と操作法を調査したことがある[1]。この人力犂は犂底がない無床犂と形が似ており，多くは花崗岩類が風化した緩斜面に作られた棚田で，春の耕起に 20 世紀前半まで使われていた。人力犂の重さは 4～5 kg で，大人が片手で持ち運べる。

　この人力犂の操作法は，およそ次のとおりであった（図 43）。人間 2 人が犂を挟んで向かい合って立ち，1 人は犂身（りしん）を両手で抱え持って，犂先（すきさき）を土に差し込みながら押し，もう 1 人は練木（ねりぎ）（犂轅（りえん））の先を両手で持って，押し手と調子を合わせてひと息で引く。この動作を繰り返しつつ土を起こした。犂先の後方に犂べらは付いていないが，犂をやや手前に傾けて土を起こせば，犂先に載った土は半ば反転し，砕ける。

　耕起具の発達過程のどの段階に，この人力犂を位置付ければよいか。筆者の作業仮説を模式図に描いたものが図 44 である。

　耕起具の操作法は，耕起の動作を反復する段階から，耕起の動作を連続しておこなう段階に発展した。図 44 には，前者を A 段階，後者を B 段階と表示してある。ここに表示した耕起具の中で，犂は A-2 段階で形態の原形が作られ，それを家畜が引くようになったのが B-2 段階であった。そして，日本の中部地方の山間部で使われていた人力犂は，A-2 段階下段の耕起具であるとの位置

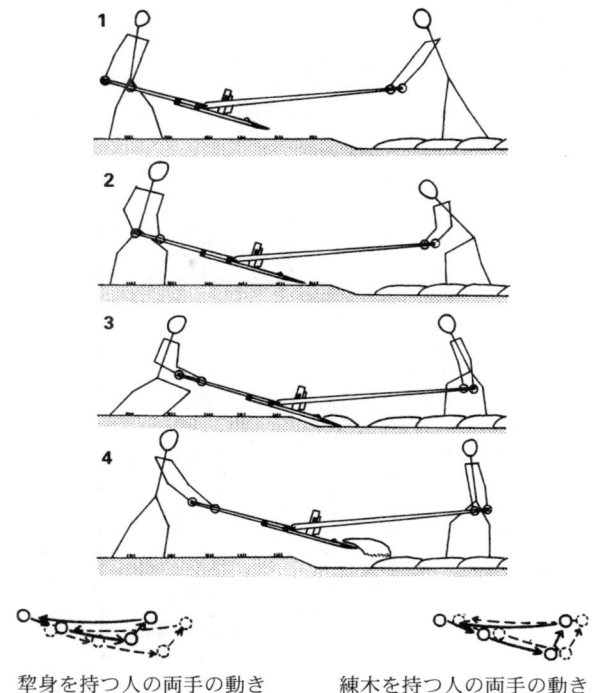

犂身を持つ人の両手の動き　　練木を持つ人の両手の動き

1　人力犂を持って構える。　　3　刃先に土をのせて掬いとる。
2　刃先を土にさしこむ。　　　4　人力犂を持ち上げると土がこぼれる。

図43　「ひっか」型人力犂を使う耕起の手順

岐阜県吉城郡で水田の耕起に使われていたもの。操作の手順はどの地域もほぼ同様であった。『在来農耕の地域研究』[1]の38頁を転載。

付けをおこなった。

　この章では、東アジアにおける人力犂の形態と操作法を指標にして、筆者が提示した耕起具の発達過程の作業仮説の中で、それぞれの人力犂がどの段階に位置するかを記述する。この章で記述する人力犂の分布地を図45に示した。なお、図45に示した4種類の記号は、図44のどの段階の人力犂であるかを示している。

166　第2部　農耕技術論叢

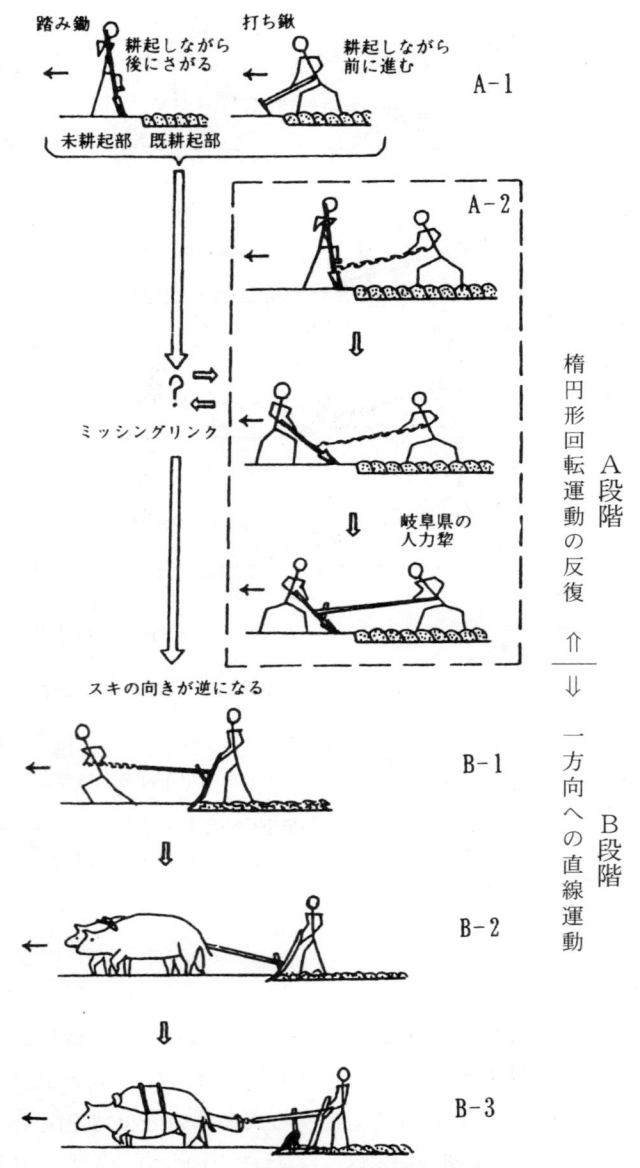

図44　耕起具の発達過程模式図
図中の←は進む方向を示す。『在来農耕の地域研究』[1]の66頁に加筆。

第10章　東アジアの人力犂　　167

図45　東アジアにおける人力犂の分布
網ふせの領域は雲貴高原を示す。

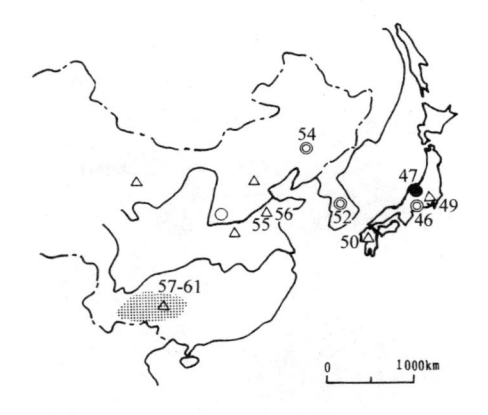

○　図44のA－2段階上段　　◎　図44のA－2段階中段
●　図44のA－2段階下段　　△　図44のB－1段階

なお、「犂（すき）」とは人力・畜力・発動機の力で未耕起部に向かって前進し続ける、図44のB段階の耕起具を指す。他方、人間1人で土を起こすA-1段階左側の踏み鋤は「鋤」である。この章で言及する人力犂は、両者の中間に位置するA-2段階とB-1段階の耕起具であるが、形態が畜力犂に近いので、この章では「犂」の字を使うことにする。

第2節　日本の人力犂

日本では図44に示すA-2段階とB-1段階の人力犂が使われていた。菅江真澄は『粉本稿（ふんぽんこう）』[2]に、木曽路で見た人力犂を素描している（図46）。これはA-2段階中段の耕起具である。『粉本稿』は「すき一ツをふたりして畑を耕しぬ」（前掲（2）15頁）と記述しているので、この農具は畑の耕起に使われていたようである。

岐阜県山間部の花崗岩を母材とする水はけのよい緩傾斜地に造成された棚田では、図44のA-2段階下段の人力犂が20世紀前半まで使われていた。この人力犂について記述する史料は、18世紀初頭の『岐蘇路記（きそじのき）』[3]まで遡ることが

168　第2部　農耕技術論叢

図46　『粉本稿』が描く「すき」
『菅江真澄全集』9 [(2)] の15頁を転載。

吉城郡国府町の水田耕起用「ひっか」
（国府町立歴史民俗資料館蔵）

恵那郡岩村町の水田耕起用「すき」
（岩村町民俗資料館蔵）

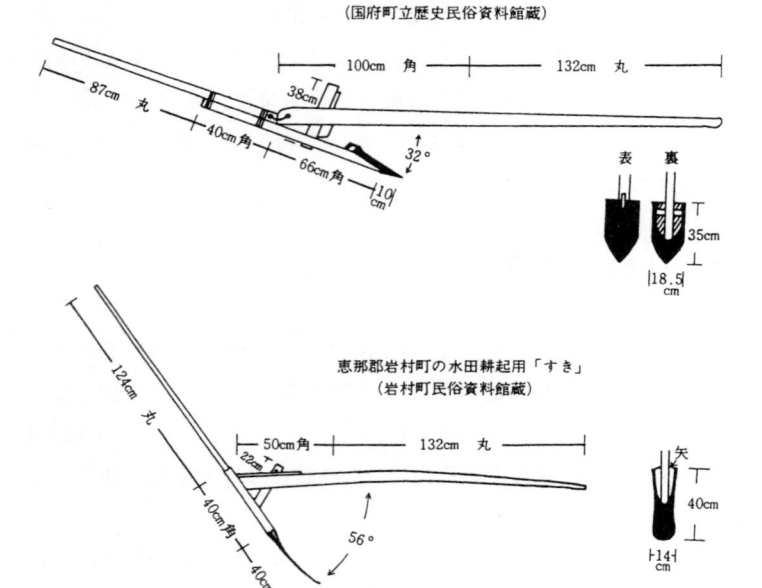

図47　岐阜県山間部の人力犂の2つの形態

図 48　人力犂の操作法
上は「ひっか」を使う田の耕起作業。1986 年 4 月岐阜県吉城郡上宝村で筆者撮影。
下は「すき」を使う時の手の位置。1987 年 8 月岐阜県恵那郡岩村町で筆者撮影。

できる。この無床犂型の人力犂を飛騨では「ひっか」（図 47 上段），美濃では「すき」（図 47 下段）と呼び，主に春の水田の耕起作業に，反復操作法で使っていた（図 48）。

　山梨県の甲府盆地[4]と富士山北麓[5]では，図 44 の B-1 段階の引き続ける方式の人力犂を，畑で耕起を兼ねた畝立てに使っていた（図 49）。また，熊本県北部[6]では畑の畝立てと中耕に人力犂を使っていた（図 50）。いずれもス

図 49　山梨県で使われていた人力犂
左は甲府盆地の韮崎市坂井，右は富士山麓の忍の村。『山梨県民俗地図』[4] の 49 頁を転載。

　キベラが付いていないので，犂身の傾け具合いで，土は左右どちらにでも砕け落ちたであろう。これらの人力犂の形態は畜力無床犂に似ているので，牽引する力が家畜から人間に退行したものかもしれない。
　筆者が知る限り，日本で人力犂を使っていた事例は少なく，かつ分布地域は片寄っている。これらの地域の耕地 1 枚の面積は小さいので，それに適応して作られ使われた耕起具であろうが，人力犂の発達過程と地域相互の影響関係は，今のところ分からない。
　なお，日本における犂耕の発達史を語る時に，東大寺正倉院伝世品の「子日手辛鋤」(ねのひのてからすき)（図 51）をどう位置付けるかが問題になってきた。河野通明は「子日手辛鋤」の形態を観察して，これを踏板付きの曲柄鋤，すなわち踏み鋤であり，操作者は足で踏んで土を起こしつつ後退したと述べている[7]。「子日手辛鋤」の形態から見て，河野の解釈は妥当であると筆者は考える。「子日手辛鋤」は，図 44 の A-1 段階の耕起具のようである。

第 3 節　朝鮮の人力犂

　朝鮮には「カレ（가래）」と呼ばれる人力犂が，近年まで使われていた[8]。「カレ」の形態は踏み鋤に似る（図 52）が，鉄刃をはめ込む木部の両端か柄の下端に縄をくくりつけて，柄を抱え持つ人と縄を引く人たちが調子を合わせて

第10章　東アジアの人力犂　171

図 50　熊本県で使われていた人力犂
玉名郡菊水町。『農魂　熊本の農具』[6] の 47 頁を転載。

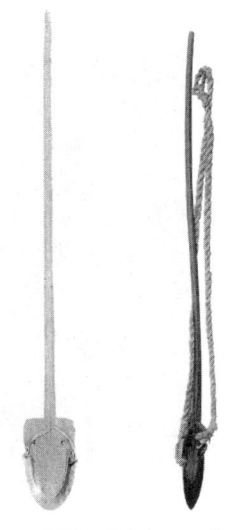

図 52　朝鮮で使われていたカレ
『耕起農具』[8] の 32・33 頁を転載。

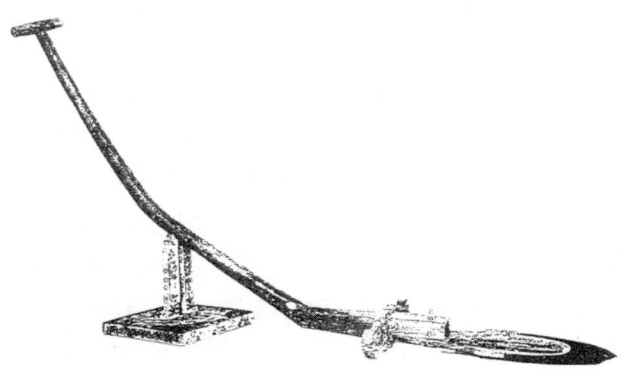

図 51　子日手辛鋤
『日本農耕具史の基礎的研究』[7] の 353 頁（原典は帝室博物館『正倉院御物図録』14 輯）を転載。

図53　カレを使う田の耕起作業
『耕起農具』[(8)] の 31 頁を転載。

土を起こす作業を繰り返す耕起具であり，溝掘りや水田の耕起に使われた（図53）。

　「カレ」は図44のA-2段階中段に位置する人力犂である。「カレ」の柄の長さは，日本で使う踏み鋤の2倍以上あり，刃の部分も大きく幅が広いので，1人で長時間使える重さではない。また，引く人が縄を引く耕起具は，柄を抱え持って押す人と縄を持って引く人の調子が合わないと作業者の力の方向が分散するので，作業効率が一定しない欠点がある。「カレ」は2人以上が縄を引くので，調子を合わせるのはさらに困難であろう。この欠点を克服するには，引き縄の部分を木にして，押し手が抱え持つ柄に固定すればよい。日本の岐阜県山間部で使われていた人力犂がそれであるが，筆者は朝鮮で練木（犂轅）がついた人力犂を見たことがない。どうやら朝鮮の耕起具は，図44のA-2段階中段からB-3段階に飛び越えたようである。

　踏み鋤の柄に縄を付けただけの「カレ」と同型の耕起具や作条具は，アジア大陸では各所で使われており，日本では先に述べた『粉本稿』の「すき」（図46）がこれに該当するが，筆者は日本でこの型の耕起具を見たことがない。

第4節　中国北部の人力犂

　筆者が知る限り，中国北部では，図44の耕起具の発達段階でいえばA-2段階の上段からB-1段階までの人力犂が使われていた。
　西山武一[9]は山西省で見た「鍬犂」の操作法を，次のように記述している。
　　之れは補助棒を接着してV字形のものを作り，両人対峙して甲が足で土に挿し入れ，乙が手で之を引き上げ，甲は後退しつつ，乙は前進しつつ耕すという形の踏犂は，今でも山西省で鍬犂と称して日用されているが，普通の踏鋤に比し約三倍の能率があがると言われる（前掲（9）568頁）。
　上の記述から，「鍬犂」は引き手が練木を引くので形態はA-2段階下段の人力犂に近いが，操作法は押し手が足で刃先を土に踏み込んでから2人で土を起こす，A-2段階上段の耕起具であることがわかる。縄が練木に代われば引き手と押し手の力が一直線になって，土を起こす力は最大になる。したがって，「鍬犂」は操作法はA-2段階上段のままで，形態だけがA-2段階下段に発達した耕起具であると言えよう。
　天野元之助[10]は，山西省南東端の晋城県崗頭村で山県千樹が見た「耙に轅がついた無床犂であり，これは二人がむき合って耕起する」反復操作方式の人力犂「鍬犂」の絵を載せている。
　関野雄[11]は，中国での牛耕の開始が春秋の後半頃なので，「鍬犂」が使われ始めた時期を，西周の末年か春秋初頭頃（B.C.770年頃）であろうと述べている（前掲（11）33-34頁）。また関野[12]は「鍬犂」を使う耕起作業を，春秋時代の孔子が見た「耦耕の名残をとどめたものである」と述べている（前掲（12）267頁）。しかし，張波[13]は「耦耕」とは踏み鋤を持つ2人が横に並んで後退しながら耕起する方法であることを，この操作法で現在でも踏み鋤を使っている陝西省の農村での調査にもとづいて明らかにしており，「鍬犂」を使う耕起法は「耦耕」ではない。
　中国東北地方の吉林省には「拉鍬」と称される農具があり，現在でも使われている[14]。「拉鍬」の形態と操作法は朝鮮の「カレ」と全く同じであり，溝掘

174　第2部　農耕技術論叢

図54　中国吉林省で使われている拉鍬
『中国古代農業科技史図譜』[14]の77頁を転載。

りや土さらいに使われる（図54上）。したがって，「拉鍬」は図44のA-2段階中段に位置する耕起具である。また，柄が2本あって，柄を抱え持って押す人が2人，縄を引く人が4人の「拉鍬」もある（図54下）。

次に，一方向へ起こし続けるB-1段階の人力犂について述べる。

ホメルは山東省青島北郊の山中で人力犂を見て，その形態と操作法を記述している[15]。また天野元之助は，山東省と河北省の農村でたまに見られた「人

図 55 「人の輓く犂」の形態と操作法
『中国手工業誌』[15] の 69 頁をもとに筆者作成。

の輓く犂」について，次のように記述している。

　犂轅は上方に曲り，先端に下向きの長い導橇がつき，直立前進する人が肩をその下にあて，前方へ輓くようになっている。同時に他の一人が肩で後方から犂柄を抑え，それで身を支えながら，犂を地中におし込む（前掲 (10) 724 頁）。

　ホメルの図と天野の記述に従って「人の輓く犂」の形態と操作法を描くと，図 55 のような姿になろう。

　王靜如によると，耒と耜を合体させた人力で引く耕起具は河南省南部でも使われていた[16]。また，甘粛省北西部の張掖県では「小尖犁」と称される人力犂が，溝掘りや作条作業に使われていた[17]。これらも B-1 段階の人力犂であろう。

　筆者は 2000（平成 12）年 4 月に山東省の南東部と西部で，図 44 の B-1 段階の人力犂を 2 種類見た。

　ひとつは山東省南東部の日照市巨峰鎮の畑で見た人力犂である。鉄管製の短床犂の練木の先端に縄を結んで，前の人がその縄を肩に掛けて引き，後の人は犂身の上端を片手で軽く持って，2 人で前進しつつ，野菜の種を蒔くための畝を作っていた（図 56）。この畑は緩傾斜地を長さ 20m，幅 2m ほどの階段型に造成した段畑である。この小さく細長い畑に夫婦で低い畝を作っており，2 人ともほとんど力を入れることなく，楽に作業しているように見えた。

　もうひとつは山東省西部の泰安市郊外の畑で走行中の自動車から見た人力犂であり，図 56 の人力犂に似た型の鉄管製の犂であった。1 人は長さ 50cm ほどの犂床から腰の高さまで斜めに延びている練木の先を後ろ手で持って前進し

176　第2部　農耕技術論叢

図56　山東省南東部で使われている人力犂
山東省日照市巨峰鎮で筆者撮影。

つつ引き，もう1人は両手で犂身を持って前進しつつ押して，10cmほどの低い畝を作っていた。2人とも立ち腰で進んでいたので，ほとんど力を入れることなく作業しているように見えた。畑は小さく細長かった。この犂を使っている光景を筆者は数箇所で見たが，いずれも浅耕と低い畝作り作業を兼ねる農具のように思われた。

　周昕は，筆者が日照市巨峰鎮で見た人力犂と形態が似た人力犂を，山東省南西部の単県で見て報告している[18]。筆者が見た人力犂は練木の先に直径10cmほどの車輪が付いているが，周が見た人力犂は自転車の前部を練木に使い，その先に自転車の前輪が付いており，犂身が二股になっている。この人力犂の操作法は筆者が見たものと全く同じであり，穀物の苗が植栽されている畑の除草と溝切りと土寄せに使われるという。

　このように，山東省では2人で引き続ける人力犂が，浅耕と作条の作業を兼ねた小回りのきく農具として，小さく細長い畑で使われている。

第5節　中国雲貴高原の人力犂

　中国南部に位置する雲貴高原の平均標高は2,000～2,500mある。ここは中

第10章　東アジアの人力犂　177

図57　『苗蛮図』が描く人力犂
『中国農具史綱及図譜』[20]の404頁を転載。

図58　『苗蛮図冊』爺頭苗が使う人力犂
『苗蛮図冊』[21]の54頁を転載。

生代の堆積層が褶曲運動を受けて幾筋か並行する波状地形になり、さらに凹部を河川が浸食し、もっとも低い部分には土砂が堆積したので、凸部は緩傾斜の高原、凹部は峡谷か盆地になっている[19]。この凸部の緩傾斜面から谷斜面にかけて少数民族の集落と耕地が点在し、水が得られる斜面は棚田になっている。斜面の地形と傾斜に制約される棚田は不整形で、1枚ごとの面積は小さい。したがって、棚田に適応した小回りがきく耕起具ほど作業効率は高くなる。雲貴高原の人力犂は、この棚田で耕起に使われてきた。

雲貴高原の少数民族が使う人力犂は、少数民族の風俗を描いた王朝時代の絵に出てくる。周昕[20]は、元代の『苗蛮図』中に2人で操作する人力犂が描かれていることを報告しており（図57）、清代の『苗蛮図冊』[21]にも貴州省南東部の爺頭苗が使う人力犂が描かれている（図58）。

この2つの人力犂の形態は異なるが、2人で一方向へ起こし続ける点では一致しており、いずれも図44のB-1段階に位置する人力犂である。筆者は『苗蛮図冊』とほぼ同じ形態の人力犂が描かれた『苗族図譜』を、京都大学文学部博物館で見たことがある。ただし、これらの絵が、実際に見て描かれたものかどうかはわからない。

宋兆麟[22]は貴州省南東部のミャオ（苗）族が使う人力犂について、次のように述べている。

　　（ここのミャオ族は）人が引く犂を使っている。引く人と犂を抱え持つ人

178　第 2 部　農耕技術論叢

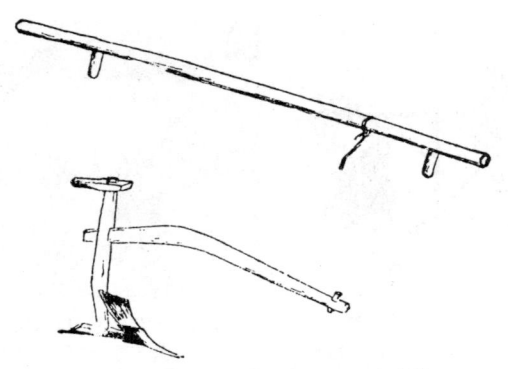

図 59　貴州省南東部で使われている人力犁
「木牛-挽犁考」[23] の 56 頁を転載。

との間に木の棒がさしわたしてあって，この棒をふつう木牛と呼んでいる（前掲（22）174 頁）。

また，宋兆麟[23] は，1982 年に貴州省南東部で少数民族の民俗資料を収集した時に見た，人力犁と木牛の絵を描いている（図59）。この犁は数十 cm の長さの犁床がある中床犁であり，湾曲した練木と，押す人が握る取っ手が付いている。宋兆麟はこの人力犁の操作法を，次のように記述している。

　木牛とは人力で犁を引く場合に使う木製の道具であり，長さ 2.5～3 m，直径 8～10cm の 1 本の棒である。棒の両端近くのそれぞれ 20～30cm のところに短い杭木が固定されており，これを肩あてと称する。肩あての長さは 15～20cm であり，棒に垂直についている。耕地をすき起こす時，縄で棒と犁をつなぐ。前方の肩あての後部に引き縄の片方をくくりつけ，もう片方を犁の練木にくくりつける。そして 2 人で操作する。前方の人は肩あてに肩をつけて，縄を手で持って犁を前に引く。後方の人は肩あてに肩をつけて，手で犁身を支えながら犁を前に押す。これが木牛を使って犁を引く方法である（前掲（23）54 頁）。

宋兆麟によると，貴州省南東部のミャオ族とトン（侗）族は現在でもこの人力犁を使っており，広西壮族自治区のヤオ（瑶）族もかつてはこの人力犁を使っていたという（前掲（23）53 頁）。

第10章 東アジアの人力犂　179

図60　水が入っていない田で人力犂を使う耕起作業（田畑久夫撮影）

　それでは木牛とセットになった人力犂は，どのような状態の水田の耕起に使われ，押し手と引き手はどのような姿勢で耕起作業をおこなうのであろうか。
　田畑久夫と金丸良子[24]が貴州省ミャオ族トン族自治州のヤオ族が住む黎平県金城村で見た耕起作業では，水田に水はなく，田の中心から右回りに田の外周と同じ形を描きながら耕起している（図60）。この人力犂は宋兆麟が描いた木牛付きの中床犂と同型であり，すきべらは付いていないが，押す人が犂身をやや右に傾けているので，起こした土は右側に砕け落ちている。
　他方，劉芝風[25]が貴州省のトン族の村の民俗と稲作について記述する著書の口絵写真では，水が入った水田で耕起作業をおこなっている（図61）。押す人の手の位置から見て，これも起こした土は右側に落ちているようである。この写真の水田には水が入っているので，水を抜いた状態で耕起するよりは作業は楽であろうが，木部に浮力が作用する分だけ耕深は浅くなるであろう。
　この木牛とセットになった人力犂は，図44のB-1段階に位置する耕起具であるが，引く人が縄を引くのではなく，木牛を肩で引くとともに，片手で縄を

図 61　水が入った田で人力犂を使う耕起作業
『中国侗族民俗与稲作文化』[25] の口絵を転載。

引いている。図 44 の B-1 の段階の引き方よりも、この引き方の方が 2 人の力が効率よく前方向に作用するのであろう。『苗蛮図』と『苗蛮図冊』が描かれた時代の人力犂も、実際にはこの木牛とセットになった人力犂だったのかも知れない。

なお、ここで記述した人力犂の分布地は、雲貴高原の東部に位置する貴州省南東部から広西壮族自治区にかけての地域であり、雲貴高原の西部に住む人々が人力犂を使っていた、または今でも使っているとの報告を筆者は見ていない。また筆者がこれまで見た雲南省の農耕具図録には人力犂は掲載されていないので[26]、雲貴高原の西部では人力犂は使われなかったのであろう。

第 6 節　人力犂が使われた理由を考える

東アジアの人力犂は、水田では耕起に使われ、畑では主に耕起を兼ねた畝立てに使われていた。人力犂の形態を指標にすれば、縄で引く図 44 の A-2 段階中段までと、木の練木で引く A-2 段階下段以下の 2 類型にまとめることができる。また、人力犂の操作法を指標にすれば、図 44 の楕円形回転運動を反復する A-2 段階と、一方向へ起こし続ける B-1 段階の 2 類型にまとめることがで

きる。

　東アジアで使われていた人力犂を，それぞれの形態と操作法を指標にして，図44に示した耕起具の発達過程の仮説の中に位置付けると，次のようになる。

　日本では図44のA-2段階中段からB-1段階の間の人力犂が使われ，朝鮮ではA-2段階中段の人力犂が使われていた。中国北部では形態で見るとA-2段階中段からB-1段階の間，操作法で見るとA-2段階上段および中段とB-1段階の人力犂が使われていた。中国雲貴高原ではB-1段階の人力犂を，少数民族が現在でも棚田の耕起に使っている。

　人力犂は，それほど費用をかけなくても入手でき，構造が簡単であるために使い勝手がよく，寸法が小さいために畜力犂よりも小回りがきくので，もっと広い範囲に分布していてもよいはずであるが，図45に示したように分布地は片寄っている。

　なぜこのような分布を示すのかはわからない。日本の岐阜県山間部で使われていた人力犂について言えば，その理由は，不整形で1枚ごとの面積が小さい棚田の耕起に適する小回りのきく耕起具であることと，花崗岩類を母材にする水はけがよい水田は人力でも比較的容易に耕起できることで説明できる。このうち，前者の理由は中国の雲貴高原にも適用できるが，他の地域には必ずしも当てはまらない。畜力犂段階に進展しなかった地域が前段階の痕跡として散在していると解釈することもできようが，筆者がこれまで集めた資料から得られる所感では，事はそう簡単ではない。

　いずれにせよ，各地域で古来使われてきた耕起具は，土地の人々がそれぞれの土地条件に適応するように考案し，その土地で継承されてきた，地域に深く根ざす，生きている遺産であり，人力犂もその中のひとつである。筆者は人力犂についての情報を今後も拾っていきたいと思っている。読者諸氏からの情報提供を乞いたい。

注
(1)　有薗正一郎（1997）『在来農耕の地域研究』古今書院，37-74頁.
(2)　菅江真澄（1783-86）『粉本稿』.（内田武志・宮本常一翻刻，1973，『菅江真澄全集』9，未来社，11-56頁）.

(3) 貝原益軒（1709）『岐蘇路記』．（博文館翻刻，1930, 『紀行文集』帝国文庫22，博文館，61-103頁）．
(4) 山梨県教育庁文化課（1985）『山梨県民俗地図』山梨県教育委員会，49頁．
(5) 後藤義隆（1993）『目で見る郡内の百年』郷土出版社，103頁．
(6) 熊本日日新聞社（1977）『農魂 熊本の農具』熊本日日新聞社，46-47頁．
(7) 河野通明（1994）『日本農耕具史の基礎的研究』和泉書院，398-401頁．
(8) 全羅南道農業博物館（1997）『起耕農具（같이농구）』全羅南道農業博物館，31頁．
(9) 西山武一（1950）『現代中国辞典』現代中国辞典刊行会，568-569頁．
(10) 天野元之助（1962）『中国農業史研究』お茶の水書房，724-725頁．
(11) 関野雄（1959）「新耒耜考」東大東洋文化研究所紀要19, 1-78頁．
(12) 関野雄（1960）「新耒耜考余論」東大東洋文化研究所紀要20, 261-274頁．
(13) 張波（1987）「周畿求耦」農業考古1987-1, 江西省社会科学院，18-25頁．
(14) 陳文華編著（1991）『中国古代農業科技史図譜』農業出版社，76-77頁．
(15) R. P. Hommel（1937）"CHINA AT WORK". The John Day Company．（国分直一訳，1992, 『中国手工業誌』，法政大学出版局，67-69頁）．
(16) 王靜如（1983）「論中国古代耕犂和田畝的発展」農業考古1983-1, 江西省社会科学院，51-64頁．
　　王靜如（1984）「論中国古代耕犂和田畝的発展（続）」農業考古1984-1, 江西省社会科学院，109-120頁．
(17) 中華人民共和国農業部編（1958）『農具図譜 第一巻』通俗読物出版社，177頁．
(18) 周昕（2000）「耦耕新事」農業考古2000-1, 江西省社会科学院，202頁．
　　周昕（2000）「為《耦耕新事》補照」農業考古2000-3, 江西省社会科学院，182頁．
(19) 中国科学院《中国自然地理》編集委員会（1980）『中国自然地理』科学出版社，33-37頁．
(20) 周昕（1998）『中国農具史綱及図譜』中国建材工業出版社，323, 404頁．
(21) 陳浩？（-18世紀前半）『苗蛮図冊』．（台湾中央研究院歴史語言研究所翻刻，1972, 台湾中央研究院歴史語言研究所，54頁）．
(22) 宋兆麟（1983）「貴州苗族的農業工具」農業考古1983-1, 江西省社会科学院，172-181頁．
(23) 宋兆麟（1984）「木牛挽犂考」農業考古1984-1, 江西省社会科学院，53-56頁．
(24) 田畑久夫・金丸良子（1995）『雲貴高原のヤオ族』ゆまに書房，27・124・158-170頁．
(25) 劉芝風（1999）『中国侗族民俗与稲作文化』人民出版社，294頁．
(26) 尹紹亭（1996）『雲南物質文化 農耕巻上』雲南教育出版社，131-299頁．
　　渡部武（1997）『雲南少数民族伝統生産工具図録』東京外国語大学アジア・アフリカ言語文化研究所，246頁．
　　渡部武・渡部順子（2000）『西南中国伝統生産工具図録』東京外国語大学アジア・アフリカ言語文化研究所，385頁．

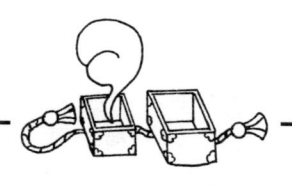

話の小箱（4）鋤と鍬

　下の図をご覧ください。これは鋤と鍬を描いた図です。ここで設問です。鋤は，左と右のいずれでしょうか。

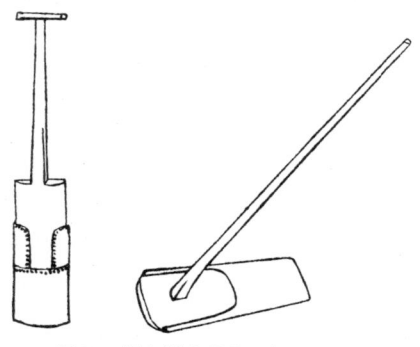

図62　鋤と鍬を見分けられますか

　左が鋤だと答える人が多いと思います。それで正解です。ところが中国の人に同じ質問をすると，右が鋤だと答える人が多いのですが，これも正解です。日本と中国では2種類の手農具の名前が入れ違っているからです。
　鋤と鍬は中国で作られた文字です。中国では左側の手農具を指す文字が鍬，右側の手農具を指す文字が鋤です。ところが，中国の文化を取り入れるために古代の日本から派遣された留学生たちが，中国から日本へ帰る船の上で，鋤と鍬の文字が指す手農具を入れ替えてしまったらしいのです。なぜそうなったかはわかりませんが，文字の本家の中国と，受け入れ先の日本では，鋤と鍬の文字が指す手農具が異なります。中国の人に，この図と鋤鍬の文字を見せて試してみてください。
　次に，「すき」について2つお話します。ひとつは，訓読みで「すき」

と読む漢字は鋤と犂の2種類あって，両者は全く異なる耕起具であるということです。鋤は人1人で使う「踏み鋤」，すなわちスコップです。これを使う人は，鋤の刃の上肩に片足を置いて土に踏み込んでから，柄を手前に引いて土を起こす作業を繰り返しつつ，後退しながら土を起こしていきます。他方，犂は家畜または発動機と人が1組になって，土を起こしながら前に進んでいく耕起具で，英語でいうプラウのことです。

　もうひとつは，耦耕という耕起法の内容について，中国と日本で2,000年以上にわたって議論が続いてきたこと，そして現地調査でその決着がついたことです。

　今から2,500年ほど前，中国は春秋という時代でした。その頃の思想家の1人が孔子です。ある日，孔子が弟子と川を渡ろうとしていたら，男2人が手農具を持って畑を耦耕していました。この耦耕とはどんな耕起法だったのかについて，中国では論争が繰り返されてきました。人2人が向かい合いひとつの農具を使って起こす方法だとか，踏み鋤を持つ人々が雁行形に並んで起こす方法だといったような，さまざまな説が唱えられてきました。そしてそれらの説のすべてが，書物の記述から想像した机上の空論でした。第10章で記述したように，日本では貝原益軒が17世紀末に木曽路で人2人が向かい合って起こす耕起具を見て，「これ耦耕なるか」と記述しています。中国で耦耕論争があることを知っていた貝原益軒の博学さには脱帽です。

　この耦耕論争は，近年決着がつきました。張波という研究者が結論を出したからです。張波さんは，中国陝西省西安の郊外で，2人がそれぞれ踏み鋤を持ち，30cmほど離れて横並びに立ち，鋤先を同時に畑の土に足で踏み込んでから鋤の柄を同時に手前に引くと，自分が起こした場所のほか，2人の間の幅30cmほどの土も起こせる耕起法があることを，現地調査で確認しました。これぞ耦耕，中国2,500年の論争に幕が降りました。現地調査をおこなうことの大切さを教えてくれる事例です。

第 11 章　地籍図にみる近代初頭の土地利用

第 1 節　地籍を示す 2 つの資料

　この章では，1884〜85（明治 17〜18）年頃に作成された『地籍字分全図』と『地籍帳』を使えば，近代初頭の土地利用についてどのようなことが明らかにできるかを記述する。

　佐藤甚次郎[1]によると，『地籍字分全図』と『地籍帳』は，次のような経過で作成された。

　1873（明治 6）年に設置された内務省の業務のひとつが，官有地と民有地の判別・処理であった。そのためには，官有地と民有地ともに土地を地目（利用目的）で区分し，その所在地を帳簿と図面に記載しておく必要がある。内務省は 1874（明治 7）年 12 月 28 日に「内務省達乙 84 号」で，各府県に地籍編纂を実施する旨と地籍のひな型を通達した。しかし，先行していた大蔵省による地租改正事業の地引絵図作成が優先されて，内務省の地籍編纂事業は進まず，全府県の地籍編纂事業が完了しないまま，1890（明治 23）年に担当部局の廃止によって，事業は取り止めになった（前掲（1）283-6 頁）。

　愛知県では，1884（明治 17）年 3 月の達「乙第四十四号」の指令にもとづいて，この地籍編纂事業が実施され，84 年または 85 年に各町村から愛知県令の勝間田稔あてに『地籍字分全図』と『地籍帳』が提出されて，地籍編纂事業は完了した。この章で使う『地籍字分全図』と『地籍帳』は 1884〜85 年の地籍編纂事業で作成されたものであり，当時の愛知県下約 2 千町村の『地籍字分全図』と『地籍帳』が，愛知県公文書館に所蔵されている。愛知県公文書館では『地籍字分全図』はカラー写真で，『地籍帳』は画像データをモニタで，それぞ

れ閲覧することができる。

『地籍帳』には土地1筆ごとに官有地と民有地の区別，属する小字名，地番，地目，地価，1筆内の土地の枚数，民有地の種類が1行に記載されている。また『地籍字分全図』は縮尺1,200分の1で作成され，『地籍帳』に記載された土地の所在と地目が1筆ごとに描かれており，地目の一部は彩色して描いてある。地目の種類と各地目の実態については，本書の第4章を参照されたい。

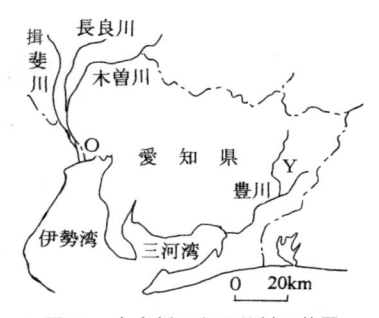

図63　大宝新田と四谷村の位置
O．大宝新田　　Y．四谷村

　この章では，『地籍字分全図』と『地籍帳』から読み取れる近代初頭の土地利用の例を2つ記述する。ひとつは愛知県の西端に位置する木曽三川河口部の大宝新田（図63）で，近世から20世紀中頃まで継承されてきた水田の維持技術を地目から読み取る。もうひとつは愛知県東部の豊川上流に位置する四谷村（図63）で，1904（明治37）年に地滑りが起こる前の土地割と地目分布を復原する。なお，この章で田または畑の字を使う場合は，『地籍字分全図』と『地籍帳』が記載する地目名のことである。

第2節　木曽三川河口部大宝新田の重田と寄畠

　尾張国海西郡大宝新田は，木曽三川河口部の干潟を17世紀末に懸回し堤で囲ってできた干拓村である（図64）。ここは平均海水面とほぼ同じ標高の場所を堤で囲った村で，海水が入って来ないように気をつけさえすれば水は十分に得られたので，耕地の大半は水田であった。屋敷地はほぼ南北方向に盛土して作られた道に沿って並び，その周囲に屋敷畑が点在していた。しかし，その後の圧密収縮作用で土地は沈み続け，図65に示すように，堤を除けば，村域の標高は平均海水面よりも低い。

　このように低平な大宝新田の地籍内でも，数十cm幅の標高差がある（図

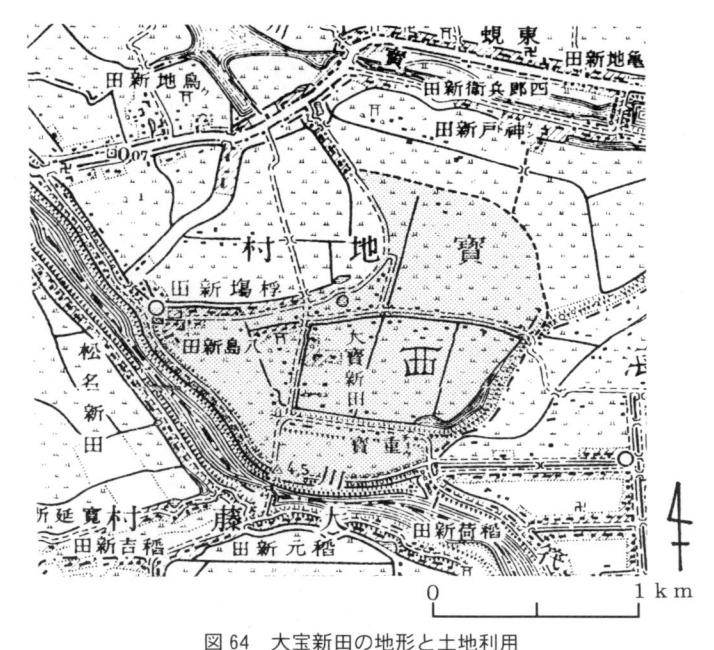

図64 大宝新田の地形と土地利用
網ふせの部分が大宝新田の村域。縮尺5万分の1地形図「熱田町」(明治24年測図) を使用。

65)。したがって，土地の起伏に応じて水田の水がかりの具合が異なり，稲が育たないほどの深水になる低地もあれば，水がかりが悪くて稲を作付できない微高地もあった。

大宝新田の地主であった長尾家の8代当主・重喬は，営農技術に関心を持ち，自らの試行や古老からの聞き取りをデータにして，1859 (安政6) 年に『農稼録』[2]と題する農書 (営農技術書) を著作した。この『農稼録』の記述内容の特徴は，微妙に異なる標高に応じた水田の維持技術である。夏季の水面高を基準にすると，大宝新田の地籍内には数十cmの標高差があり，そのままでは高すぎて湛水しないか，低すぎて稲が水没して生育しない場所があったからである。

『農稼録』は，標高が低すぎて深水で稲が育たない場所を水田にする工夫と

188　第2部　農耕技術論叢

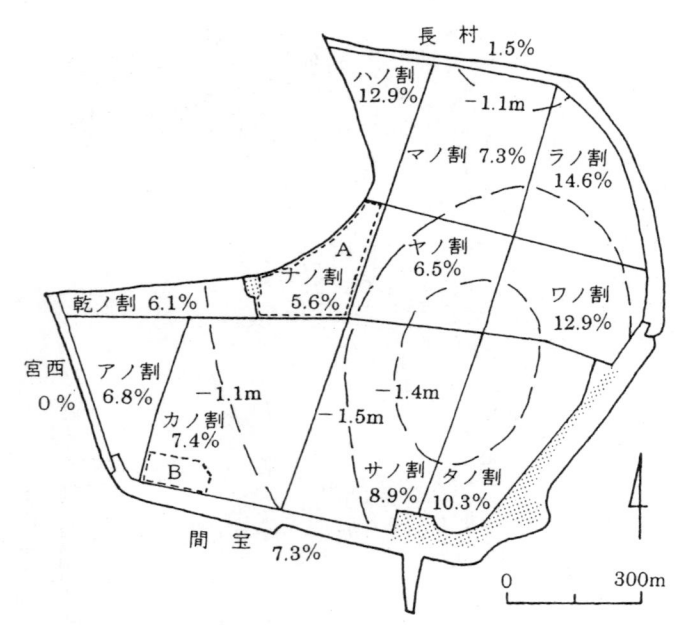

図65　大宝新田における字別の重田堀潰率
明治17年1月調『愛知県海西郡大宝新田地籍帳』から算出した。
図中の百分率は各字の田の面積中に占める重田堀潰面積の構成比。大宝新田合計の重田堀潰率は9.0%。
点線の枠内Aが図67の範囲，Bが図68の範囲。網ふせは水面，鎖線は等高線を示す。

して，「地低くて水に沼る所地直」という項目を立て，近辺から土を採取できる場所ならば盛土し，それができない場所では「田地に幾筋も江立して累田(かさねだ)にすべし　損(そん)して徳取れ(とくとれ)の工夫なり」（前掲(2) 100頁）と記述している。『農稼録』がいう累田とは，土を掻き上げた部分に稲を作付する場所のことであり，1884（明治17）年1月調『愛知県海西郡大宝新田地籍字分全図』と『地籍帳』には重田の文字で記載されている。また美濃国の輪中の村々では，これを堀田(ほりた)と呼んでいた。他方，土を取った部分は堀潰(ほりつぶれ)と呼ばれる水域になる。

『地籍帳』は，重田の場合は，1筆の田ごとに面積とその内数の重田堀潰面積を記載している。『地籍帳』が記載する田と重田堀潰の面積を小字ごとに集計し，重田堀潰率を計算して，図65の小字名の下に記入した。大宝新田全体

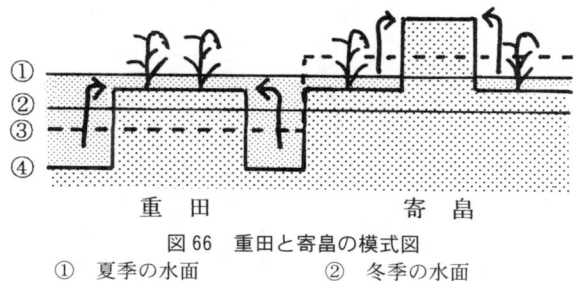

図66 重田と寄畠の模式図
① 夏季の水面　　② 冬季の水面
③ 人口改変前の地表面　④ 人口改変後の地表面

では重田堀潰率は9％であったが，等高線と重田堀潰率との関わりを見ると，低地に位置する小字の重田堀潰率がやや高いことがわかる。

『農稼録』は，夏季の水面より高い位置にある土地を水田にするために，「地高にして井懸り不宜所地直」という項目を立てて，近辺に土を運び出せる場所ならば表土を削って低くし，それができない場所では「寄畠に致べし」（前掲(2) 98頁）と記述している。土を削り取った部分は水田になるので稲を作付できるが，土を積み上げた部分は畑として使うことになる。これが寄畠である。濃尾平野の自然堤防卓越地域では，寄畠と同じ手順でできた畑を島畑と呼んでいる。

図66は重田と寄畠と水位の高低差を示す土地の断面模式図である。大宝新田をはじめ，木曽三川河口部に位置する村の人々は，数十cm幅の標高差がある土地をなるべく多く水田に使えるように，土を掘って積み上げる工学的技術を適用していたのである。

『地籍帳』には寄畠という地目は記載されていないので，寄畠の面積はわからない。『地籍字分全図』からは，2種類の畑が読み取れる。ひとつは堤脇の田の中にある畑で，これが『農稼録』がいう寄畠であろう。もうひとつは重田堀潰や屋敷地と混在する畑である。重田堀潰と混在する畑は，微妙な土地の高低を調整しているうちに，1枚の田の中に夏季の水位よりも高い場所ができたので，そこを畑にしたのであろう。他方，屋敷地と混在する畑は，意図的に土を掻き上げて夏季の水位よりも高くして菜園に使ったと考えられる。

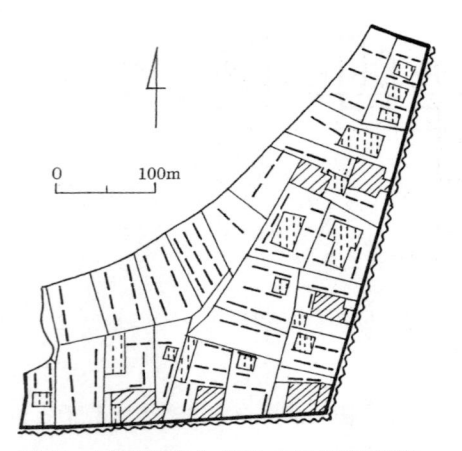

図67 大宝新田字ナノ割における重田堀潰と畑の分布
明治17年1月調『愛知県海西郡大宝新田地籍字分全図』から作成した。
この図の位置は図65の点線内Aである。
記号がない所の地目は田，田の中の鎖線は重田堀潰，たての方向の短鎖線は畑，～は水路，斜線は宅地，太い実線は道，細い実線は地筆界を示す。

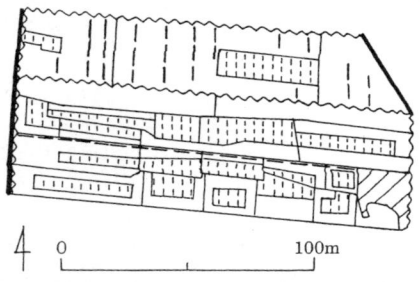

図68 大宝新田カノ割における田と畑の分布
明治17年1月調『愛知県海西郡大宝新田地籍字分全図』から作成した。
この図の位置は図65の点線内Bである。
記号がない所の地目は田，田の中の鎖線は重田堀潰，たての方向の短鎖線は畑，～は水路，斜線は宅地，太い実線は道，細い実線は地筆界を示す。

　図67は『地籍字分全図』を使って筆者が作成した，字ナノ割の重田堀潰と畑と屋敷地の分布図である。字ナノ割の位置は図65に示してある。図67から，1筆の中に重田堀潰と畑が並存する田と，重田堀潰だけが描かれた田があることがわかる。前者は，1筆の中の微妙な起伏に応じて，土を掘り下げてできた潰れ地と土を積み上げてできた畑がある田，後者は深水の場所をさらに掘り下げてできた潰れ地がある田であろう。

　図68は，同じく『地籍字分全図』から作成した字カノ割南部の田と畑の分布図である。字カノ割の位置は図65に示してある。ここは堤脇に位置する微高地なので，図68の中にある畑のうち，重田堀潰がない場所の畑は寄畠であったと考えられる。ここには屋敷地がほとんどないので，畑は菜園畑ではなく，田にするために削り取った土を積み上げてできた微高地であり，菜園畑と比べると粗放的な利用がなされていたと考えられる。

1884（明治17）年に作成された『地籍字分全図』と『地籍帳』を使って復原した重田と寄畠を含む大宝新田の景観は，20世紀中頃まで見られた。しかし，20世紀後半におこなわれた圃場整備事業によって，重田堀潰は盛土されて水田になり，寄畠は均されてほとんどが水田になって，畑は屋敷地付近に菜園が残されている程度である。したがって，重田，寄畠ともに現在の大宝新田では見られず，『地籍字分全図』『地籍帳』または20世紀中頃に撮影された空中写真を使って，往時の姿を復原するよりほかない。

第3節　豊川上流域四谷村の棚田

愛知県新城市四谷は豊川上流域の南向き斜面に立地する（図69）。『地籍字分全図』と『地籍帳』が作成された1884（明治17）年当時は南設楽郡四谷村であった。四谷には「棚田百選」に選ばれた棚田があり，中島峰広[3]によれば，「鞍掛山麓千枚田をまもる会」の1996年の調査では852枚の棚田があったとい

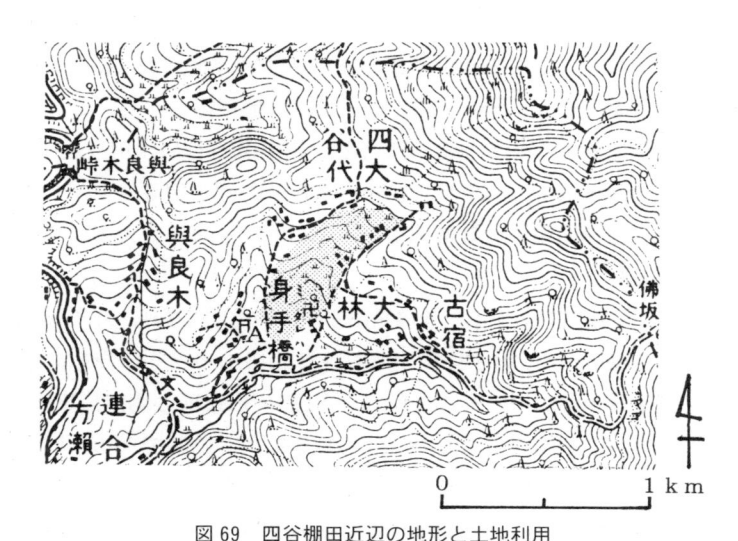

図69　四谷棚田近辺の地形と土地利用
網ふせの部分が図70と図71で示す棚田の範囲。中央左下の記号Aは図72の撮影地点。
縮尺5万分の1地形図「本郷」（明治41年測図）を使用。

表13 四谷村5字の棚田についての諸数値

小字名	田と畦畔の面積 町 反 畝 歩	田の面積 町 反 畝 歩	畦畔の面積 町 反 畝 歩	畦畔率 %	田の筆数 筆	田の枚数 枚	田1筆当り枚数 枚	田一枚の面積 歩
細尾	1 2 2 16	9 2 8	3 0 8	25	21	218	10	13
中嶋	3 5 8 19	2 8 6 28	7 1 21	20	45	691	15	13
下田	5 5 18	4 0 3	1 5 15	27	8	96	12	13
長手	1 1 4 6	7 9 25	3 4 11	30	22	214	10	11
窪貝津	9 2 1	7 1 0	2 1 1	23	16	128	8	17
四谷村合計	25 4 0 1	19 7 7 2	5 6 2 29	22	423	3704	9	16

明治17年調『三河国南設楽郡四谷村地籍帳』から作成。
田1枚の面積は田の面積を田の枚数で割った値。

う（前掲（3）106頁）。

　四谷村の棚田のうち河川沿いの田は，集中豪雨が原因で起こった1904（明治37）年7月10日の斜面崩壊で押し流されており，現在我々が見る河川沿いの棚田は被災5年後に作られたものである。1904年の斜面崩壊で押し流された田は，小字名では窪貝津・長手・下田・中嶋・細尾の地籍内にあった。

　明治17年12月調『三河国南設楽郡四谷村地籍字分全図』には，斜面崩壊以前の棚田の形が描かれている。表13は『四谷村地籍帳』から，5つの小字の田に関わる数値を拾って集計した表である。田1筆当りの水田枚数は8～15，水田1枚当りの面積は11～17歩で，正方形にすれば1辺6～7mの大きさであった。また，田の面積中の畦畔率は20～30％で，傾斜の大きい棚田であったことを示している。

　斜面崩壊は『地籍字分全図』と『地籍帳』が作成されてから20年後に起こった。図70は，斜面崩壊で田が押し流された5つの小字とその周辺の地筆界を筆者が『地籍字分全図』から写して作成した，斜面崩壊前の棚田形態図である。左が全体図で，右は左図の上流側のほぼ半分を拡大した図である。いずれの田も傾斜の方向と直角方向に細長く，典型的な棚田の形をしている。斜面崩壊で流下してきた土砂は，左の図の北東端から南西端近くまで，中央の河川沿いの田を押し流した。

　『地籍帳』が記載する田1筆中の水田枚数は所有者が申告した枚数であろう

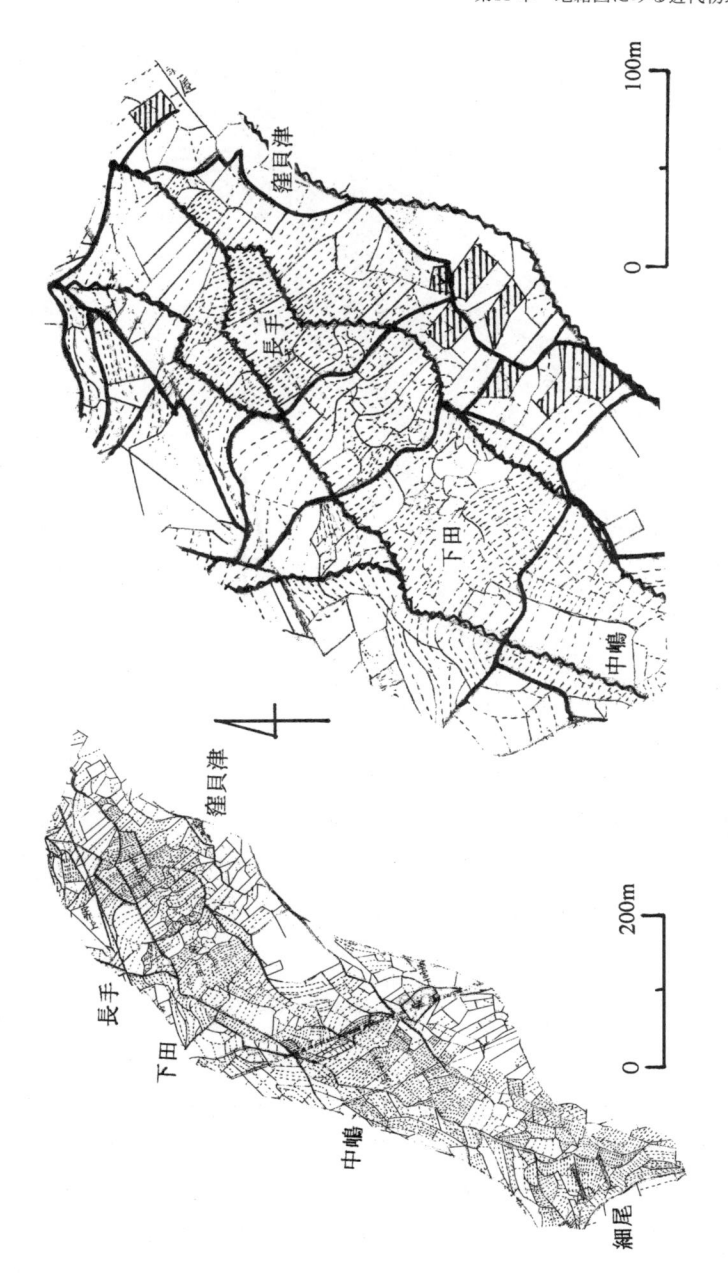

第11章　地籍図にみる近代初頭の土地利用　193

図70　『四谷村地籍字分全図』が描く1884（明治17）年の棚田の形態
左図は1904（明治37）年の斜面崩壊で河川沿いの田が押し流された場所。右斜め上が上流側で、細い実線は地筆界、細い破線がないか少ない地筆は畑、細い破線は田畑の畦畔、太い実線は水路か道で、細い破線が入っている地筆は田、細い破線がないか少ない地筆は宅地である。
右図は左図中の上流部分を拡大した図。細い実線は地筆界、細い破線は田畑の畦畔、太い実線は道、波線は水路、横線は宅地である。細い破線が入っている地筆は田、細い破線がないか少ない地筆は畑である。

194　第2部　農耕技術論叢

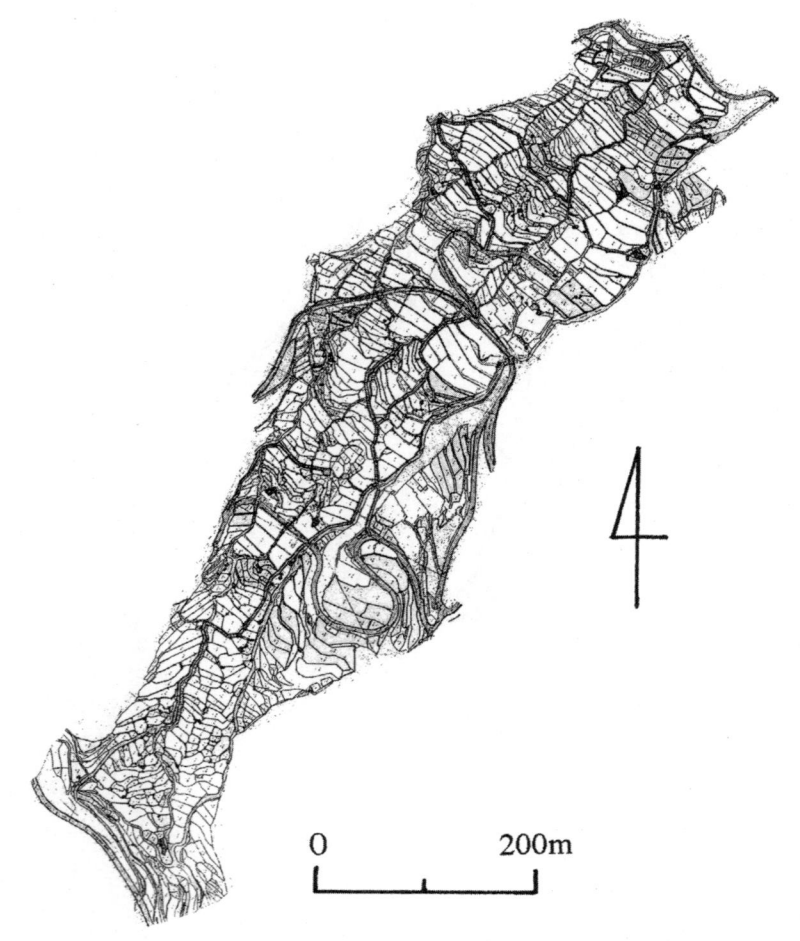

図71　現在の棚田の形態
細い実線は地筆界，太い線は道，網ふせの部分は畑か宅地である。

が，『地籍字分全図』が田1筆中の水田の形を1枚ごとに正確に描いたとは思えない。したがって，水田1枚の形が『地籍字分全図』のとおりだったとはいえないが，短辺が3mほど，長辺が12mほどの細長い水田が階段状の田1筆の中に並んでいた姿が描ける。また，長辺が長い田の中に，短辺方向にも2〜

図72　現在の四谷棚田の景観
図69のA地点から北東方向を見る。石積みののり面が見える。

3枚の小区画に切ってある田が見られる。これは水がなるべく均等に溜まるように縦方向の小畦で仕切ったからであろう。

このように，水田1枚ごとの形は正確にはわからないが，『地籍字分全図』と『地籍帳』から，1904（明治37）年の斜面崩壊以前の棚田1筆ごとの姿を復原することができる。そして，復原した棚田の形から，斜面の傾斜分布を推定することもできよう。

図71は現在の四谷の棚田形態図である。斜面崩壊後に作りなおした水田は，崩壊前よりも1枚の大きさがやや大きい。中央部の大きな水田は，近年広げた水田である。現在の棚田ののり面は石積みであるが（図72），1984（明治17）年の棚田ののり面が土坡か石積みかは『地籍字分全図』ではわからない。なお，屋敷地は災害を受けにくい高位部に移動している。

注
(1)　佐藤甚次郎（1986）『明治期作成の地籍図』古今書院，482頁．
(2)　長尾重喬（1859）『農稼録』．（岡光夫翻刻，1981，『日本農書全集』23，農山漁村文化協会，3-128頁）．
(3)　中島峰広（1999）『日本の棚田－保全への取組み－』古今書院，240頁．

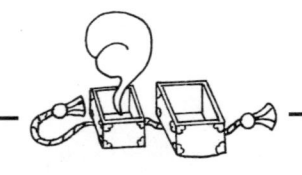

話の小箱（5）　関西農業史研究会

　関西農業史研究会という名の月例研究会があります。構成員は20名ほどで小さいけれど，農業史に関心を持つ人々が30年以上議論を戦わしてきた場です。私もその構成員として，四半世紀ほど揉まれてきました。

　私がこの研究会にはじめて顔を出した時に見た人々は，三橋時雄，飯沼二郎，岡光夫といった専門書で読んだことのあるキラ星たちをはじめ，堀尾尚志，重久正次，田中耕司，江藤彰彦，徳永光俊，西村卓さんなど，新進気鋭の研究者たちでした。会場は京都大学農学部から同志社大学へ，そして大阪経済大学へと移りましたが，3年に1度ほどの輪番で誰かが発表し，その場で批判されるだけでは終わらず，酒宴の二次会でもまた批判の集中砲火を浴びる，じつに鋭い研究会であることは，今も変わりません。気の弱い私などは，発表内容の甘さを強烈に批判されて，豊橋までいざるようにして帰り，1か月ほどは立ちあがれなかったことが幾度かありました。

　しかし，今振り返れば，そのことがよい「こやし」になっています。堀尾さん以下，若手の研究者たちは，関西農業史研究会で鍛えられて，その成果として多くの論文や単行本を刊行してきました。彼らほどではありませんが，この本も含めて私が6冊の本を世に出すことができたのは，関西農業史研究会で揉まれたからです。ありがたい仲間たちです。

　しかし，よいことばかりではありません。一番の問題は，研究会の構成員がそれほど入れ替わることなく，そのまま歳とってしまったことです。なぜか新進の研究者が研究会の構成員として定着しないのです。彼らは別の研究会を作って切磋琢磨しているのでしょうが，そういう情報は私の耳には入って来ません。われわれが経験してきた討論方式の切磋琢磨の場とは別の修羅場があるのかもしれません。

二番目の問題は，かつてのキラ星たちのように，我々は若者たちに影響を与えているだろうかということです。四半世紀前，三橋，飯沼，岡という名前を聞いただけで，私は足が震えました。そして，これら雲の上の人々から発表内容を足腰立たないほど批判されて，その都度立ち上がってきました。四半世紀を経た今，我々があのキラ星たちとほぼ同じ年齢になっています。しかし，我々は我々の本を読んだ若者たちに刺激を与えているか。若者たちは我々を見て震えているか。正直なところ，答えは「ノー」だろうと思います。少なくとも私については，まだまだ勉強不足で，キラ星たちのような凄みはありません。

　それでも，四半世紀前のように，きら星たちと新進気鋭の若者たちからなる関西農業史研究会が復活して，議論の場が受け継がれていくことを，私は期待しています。

あとがき

　本書の第1・2・6・7・11章は書き下ろしです。これらのうち第6章と第7章では，史料と先学たちの説を踏まえて章の表題への私の説を提示しましたが，異議のある読者もおられると思われます。しかし，私は歳とってこれらの課題と取り組む気力がもうありませんので，若い人々の中に研究を受け継いでくれる人が出てくるのを待つことにします。したがって，第6章と第7章は，私が課題の種を蒔くところまでを受け持ち，あとは誰かに育ててもらうために記述した章です。

　次に，既刊の論文を再録した章について，掲載誌名と論題を記載します。ただし，どの章も，初出論文に加筆または重複する場合は削除するなどの修正をおこなっています。

　第3章は，愛知大学綜合郷土研究所「紀要」41輯（1996年）に掲載した「農書『農業時の栞』の耕作技術の研究」を下地にして書きました。また，前著『在来農耕の地域研究』（1997年）にも収録しましたが，第1部「環境に適応する農耕技術」のひとつとして再度目をとおしていただきたい内容なので，あえて本書にも掲載しました。

　第4章は，愛知大学綜合郷土研究所「紀要」45輯（2000年）に掲載した「奥三河における近代初頭の里山の景観」を下地にして書きました。

　第5章は，『法制と文化』（見城幸雄先生頌寿記念事業会編，愛知大学文学会，1999年）に掲載した「村の資源循環から見た里山の役割」を下地にして書きました。

　第8章は，「民具研究」131号（2005年）に掲載した「近世以降の稲の干し方の分布について」を下地にして書きました。

　第9章は，愛知大学綜合郷土研究所「紀要」50輯（2005年）に掲載した「渥

美半島における「稲干場」の分布とその意味について」を下地にして書きました。
　第10章は，『もの・モノ・物の世界』（印南敏秀ほか編，雄山閣，2002年）に掲載した「東アジアの人力犂について」を下地にして書きました。
　以上，本書『農耕技術の歴史地理』では，主に近世農書が記述する農耕技術を指標にして，地域の性格を浮き彫りにしました。

　本書で論じてきた農耕技術と自然環境との関わりについて，私がどのように考えているかを図73に示してみました。図73の各図に描いた外側の実線枠は，ある地域の領域を示し，内側の実線枠は，その時の人文条件の枠内で農耕が最大限におこなわれていると想定した場合の領域を示します。
　本書が扱った近世から20世紀前半までは，農耕技術は自然環境の枠内で発展し，耕地面積を広げ，耕地利用の集約度を高めてきました。そして，発展の段階ごとに，人々は自ずから限界領域を見極めていました。わたしはそれを「規（のり）」という言葉で表現しています。近世から20世紀前半まで，この「規」は自然環境の枠から外れることなく，入れ子の枠の中に収まっていました。この図は模式図なので，「規」の形を四角に描きましたが，枠の形と大きさは地域ごとに異なっていました。そのことの一端が本書に記述されています。
　20世紀後半は，技術革新の成果である温室などの人工環境下で農産物を生産する動きが目立ち，農耕の一部は自然環境の枠を外れた領域でおこなわれるようになりましたが，この部分は化石燃料の大量消費をはじめとして，自然環境への重荷になっています。他方，山間地の耕地は放棄されて，山里の荒廃が目立ちます。現在の「規」は自然環境が許す範囲を超えたところにも広がっています。しかし，これでは人類の将来は見えません。
　私は，農耕は自然環境の枠内で営まれるべきだと考えます。そのためにはどうすればよいか。21世紀の図に描いたように，農耕技術の領域をもう一度自然環境の枠に戻す努力をすればよいのです。また，耕作放棄地の一部も耕地や牧草地などの農地に戻します。それでも，増える人口を養うためには，自然環境の枠からはずれる必要最低限の部分が残ることも，しばらくは仕方がないかと思います。

(1) 既存技術の限界領域
　　（既存の規）
(2) 新たな技術が普及した後の限界領域
　　（近い将来の規）

近世〜20世紀前半

(3) 技術の限界領域
　　（既存の規）
(4) 自然環境の入れ子枠からはみ出た領域
　　（人工環境下の領域）

20世紀後半

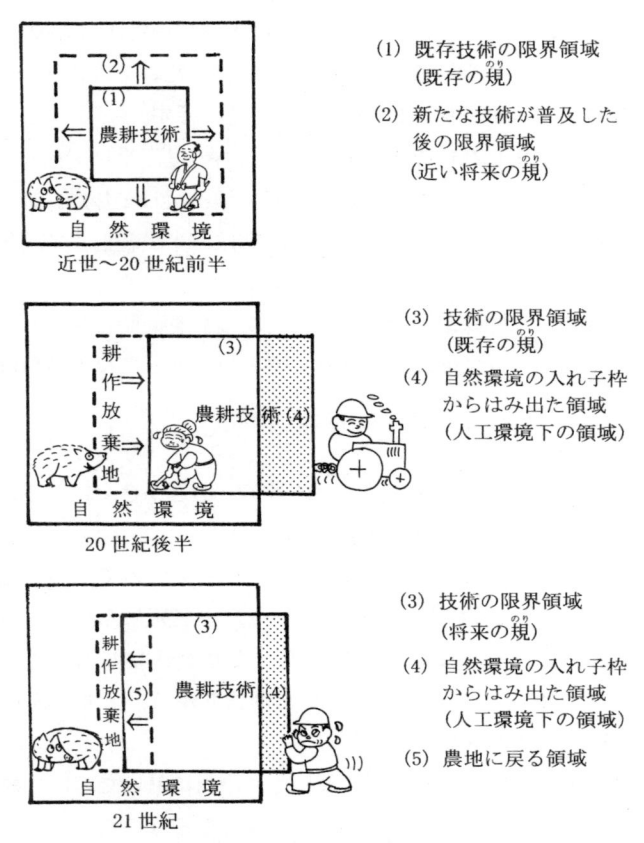

(3) 技術の限界領域
　　（将来の規）
(4) 自然環境の入れ子枠からはみ出た領域
　　（人工環境下の領域）
(5) 農地に戻る領域

21世紀

図73　自然環境と農耕技術との関わりの変化模式図

　図73について記述したいことはまだありますが，ここで筆を置きます。身のほどを過ぎた申し方ですが，読者各位が日本列島の農耕の将来像を描く際にこの図が役立てばさいわいです。

　本書で取り扱った農耕の営みの成果が農産物です。近世には，作った農産物の大半を，作った人々が食べていました。たとえば，近世に生産地から離れた場所で消費された米の割合は，多く見積っても2割です。農産物の大半は「地

産地消」されていたのです。したがって、農耕技術に地域性があるのと同様、人々の日常食材と飯（めし）の内容も地域ごとに異なっていました。そのことを記述したのが、本書の姉妹編『近世庶民の日常食』（海青社）です。

　そして、食べて消化しないまま体外に出したものは、半世紀前までは発酵させてなるべく無機物に変えてから肥料として田畑に戻しました。地域の中で生産と消費の循環が繰り返されていたのです。私は、半世紀前まで土地に根ざした生産と消費の循環があったことを読者各位に知っていただきたくて、本書『農耕技術の歴史地理』と姉妹編『近世庶民の日常食』を同時に刊行しました。そんなわけで、姉妹編『近世庶民の日常食』にも目を通してくだされればうれしいかぎりです。

　さて、これから記述する4段落は、学術書の「あとがき」にはふさわしくない内容なのですが、しばらくおつきあいください。

　私の父は51歳で浄土に赴きました。心臓が悪かったのですが、最初の発作が起こった45歳の時は「おまえらがいるから、まだ死ねん」といって、浄土からの使いに帰ってもらいました。21歳だった私を頭に3人の子供がいたからだと思います。私も「自分の命を10年あげますから、父ちゃんを生かしてください」と神仏にたのみました。

　父はそれから6年を働き続けて生きました。浄土に赴いたのは、妹が大学を卒業する2か月前のことでした。この世でせねばならないことがあるという煩悩の糸が切れたのだと思います。私が父に預けた10年の命のうち、4年を私に返してくれました。

　「人生50年」とはよく言ったものです。目にみえて衰えつつある体力と気力とつきあいながら、父が全うした寿命を10年近く超えて生き、還暦を迎えようとしている今、これから先いつ命が尽きても悔いが残らないように、本書をまとめました。別に悲壮な気持ちでまとめたわけではなく、自然体の作業でした。このような心境に至る道の下拵えをしてくれた父に感謝！です。

　本書が発行所から届いたら、「これが6冊目の本だよ」と、父に見せるつもりでいます。そして、輪廻転生の中で私が背負ってきた諸々の業（ごう）があるので、

そうなれるかはわかりませんが，これからの私も，父のような生き方と死に方ができればと思っています．今は沈む夕日を見ると，自ずと両掌(てのひら)が合わさるようになりました．こうして生かしてもらっていることへの感謝の合掌です．

　私の恩師である谷岡武雄先生のご尽力で私が愛知大学で教員の職を得たのは，30年前の1977年でした．立命館大学の学生時代以来，谷岡先生からは40年にわたって研究の姿勢と方法のご指導を賜ってきました．今の私は先生から受けた学恩に報いられる段階にはまだ達していませんが，成果をひとつ出せたこの場を借りて，心からお礼申し上げます．
　また，私が勤務する愛知大学の同僚と職員の皆さん，関西農業史研究会や三河民俗談話会などで私の研究意欲を刺激してくれた研究仲間にも，感謝の気持ちでいっぱいです．
　そして，私を生み育ててくれた母と，30年以上一緒に暮らして私の世話をしてくれる妻にも，この本を見せて，感謝の気持ちを伝えたいと思います．
　本書の刊行を引き受けていただいた古今書院の橋本寿資社長と，編集に際してさまざまな助言をしてくださった原　光一さんに心からお礼申し上げます．

2006年　仲秋節

さくいん

【事項名・人名・地名】

[ア行]

愛知県公文書館　57, 185
赤坂宿（あかさかじゅく）　32, 37
渥美半島（あつみはんとう）　141, 156, 159, 161, 163
天野元之助（あまのもとのすけ）　173, 174
荒地（あれち）　55, 58, 62, 71, 78
飯沼二郎（いいぬまじろう）　18, 19, 98, 105, 106, 110
渭河盆地（いがぼんち）　19
一毛作田　159, 162
稲の干し方　118
稲干場　141, 144, 147, 150, 156, 159, 161, 162
入会山（いりあいやま）　68-70, 73, 74, 82
牛島文彦（うしじまふみひこ）　94
薄井清（うすいきよし）　114
歌川学（うたがわまなぶ）　93
追肥（おいごえ）　44, 48
王静如（おうせいじょ）　175
大蔵永常（おおくらながつね）　5, 141, 143, 156, 157, 161, 163
大宝新田（おおだからしんでん）　186
岡島秀夫（おかじまひでお）　21
奥三河（おくみかわ）　55, 66, 67, 74
オーバートン　104
温帯湿潤気候　27
温帯夏雨気候　21

[カ行]

掛け干し法　118, 132, 134
重田（かさねだ）　186, 188
重田堀潰（かさねだほりつぶれ）　188, 190
稼穡（かしょく）　12
勝目忍（かつめしのぶ）　59
加藤隆志（かとうたかし）　93
金丸良子（かなまるよしこ）　179
可能蒸発散量　23, 25, 28
上津具村（かみつぐむら）　61
刈・苅（かり）　92, 98, 101, 102
カレ　170, 172
環境　1, 3, 11, 13
環境観　1, 11
気候環境　18, 21, 27
岐阜県の山間部　164
休閑農法　30
近世の農耕技術　1
近世農書　1, 2
近世末土地利用図　55
ケッペン　21, 23, 27
耕起具の操作法　164
耕起具の発達過程　164, 166, 181
耕地の生産力を測る単位　91, 99
河野通明（こうのみちあき）　170
荒蕪地　55, 72
小西正泰（こにしまさやす）　2
此国此土地　32, 40, 41, 43
小松芳喬（こまつよしたか）　105

[サ行]

サースク　104
佐藤甚次郎（さとうじんじろう）　185
佐藤常雄（さとうつねお）　108, 113
里山　59, 61, 65, 70, 73, 77, 83, 84, 86, 87
里山の景観　55, 68, 72
座間美都治（ざまみつじ）　93, 100
地方書（じかたしょ）　79, 92
自然環境　1, 12, 19, 41, 50, 200
湿田　69, 131, 135, 160
柴草　57, 59, 69, 71, 74, 84, 116

さくいん

柴草山（しばくさやま）　60, 71, 79
地干し法　118, 131
下肥（しもごえ）　44, 111
下津具村（しもつぐむら）　61, 127
周昕（しゅうきん）　176, 177
常湛法　108
植生　56, 72, 74, 82, 84
徐光啓（じょこうけい）　19
常緑広葉樹林　88
新田開発　1
人力犂　164, 168, 174, 180
菅江真澄（すがえますみ）　167
すき　168
鈴木冨美夫（すずきふみお）　68
鈴木梁満（すずきやなまろ）　48
西安（せいあん）　21, 23, 25
精労細作　1, 18, 19, 110
石声漢（せきせいかん）　19-21
関野雄（せきのたけし）　173
雑木林　73, 74, 77, 80, 88, 116
雑木山（ぞうきやま）　60, 71, 79
宋兆麟（そうちょうりん）　177, 178
ソンスウェイト　23, 24

[タ 行]

出しこゑ　44
棚田　154, 167, 177, 191, 192, 195
田畑久夫（たばたひさお）　179
田原藩　141, 147, 150, 161, 163
玉川村（たまがわむら）　148
地域に根ざした農書　1, 2, 12, 33
チェンバース　104
地籍編纂事業　57, 71, 185
地租　61, 65
地租改正事務局　71
地中水分量　23, 28
地目分布図　61, 63
中耕除草農法　26, 113
中耕農法　18, 29, 30
中耕保水農法　19, 27, 29, 108
中国雲貴高原の人力犂　176

中国北部の人力犂　173
朝鮮の人力犂　170
張波（ちょうは）　173
地類分布図　61, 63
塚　92, 98, 101, 102
津具盆地（つぐぼんち）　62
寺尾宏二（てらおこうじ）　93
天明年間の飢饉　39
徳永光俊（とくながみつとし）　106, 108
土地利用　38, 185

[ナ 行]

中島弘二（なかしまこうじ）　59
中島峰広（なかしまみねひろ）　191
中干法　109
名倉盆地（なぐらぼんち）　64
名古屋（なごや）　25, 28
西納庫村（にしなぐらむら）　63
西山武一（にしやまぶいち）　173
日本の人力犂　167
子日手辛鋤（ねのひのてからすき）　170, 171
農業革命　104, 109, 110
農業革命の過程　114
農業基本法　113, 114
農耕技術　1, 12, 19, 29, 141, 159, 164, 200
農書　18, 19, 32, 33, 40, 48, 94-96, 111, 112, 120, 121, 141, 187
農地改革　113, 114
野田村（のだむら）　147, 154, 157
野山　80
規（のり）　12, 200

[ハ 行]

稲架（はざ）　118, 132, 135, 157, 159
服部信彦（はっとりのぶひこ）　59
東アジア　22, 164, 180
東納庫村（ひがしなぐらむら）　62
ひくさ　69, 71
ひっか　165, 168
一鍬田村（ひとくわだむら）　154

肥培管理技術　100
平野村（ひらのむら）　151
福岡農法　108
藤田佳久（ふじたよしひさ）　60
踏み鋤　167, 173, 184
糞尿　84
別所興一（べっしょこういち）　143
鳳来寺（ほうらいじ）　36
干鰯（ほしか）　43, 45, 85
ほしくさ　69
圃場整備事業　191
細井宜麻（ほそいよしまろ）　35
ホメル　174
堀尾尚志（ほりおひさし）　112

[マ　行]
蒔（まき）　92, 98, 99, 101, 102
蒭秣山（まぐさやま）　60, 71, 79
三河国（みかわのくに）　32, 48, 142, 159, 161
三河国平坦部　39, 41, 43, 48, 49
三橋時雄（みつはしときお）　2
宮崎安貞（みやざきやすさだ）　26
ミンゲイ　104
村の資源循環　77, 83
村の物質循環　85
元肥（もとごえ）　43, 44, 48

[ヤ　行]
用材山（ようざいやま）　60, 71
寄畠（よせはた）　186, 189
四谷村（よつやむら）　191

[ラ　行]
拉鍬（らーちゃお）　173
陸軍陸地測量部　55, 57
劉芝風（りゅうじふう）　179

[ワ　行]
木綿（わた）　33, 43, 45, 47-49
ワトソン　105
割山　69

【資料名・史料名・文献名】

[ア　行]
愛知県民俗地図（あいちけんみんぞくちず）　159
会津農書（あいづのうしょ）　3, 7, 8, 121
赤坂宿宗門人別改帳（あかさかじゅくしゅうもんにんべつあらためちょう）　32, 35
稲田耕作慣習法（いなだこうさくかんしゅうほう）　128
羽陽秋北水土録（うようしゅうほくすいどろく）　3
御百姓用家務日記帳（おんひゃくしょうようかむにっきちょう）　124

[カ　行]
家業考（かぎょうこう）　121
家業伝（かぎょうでん）　124, 126
家訓全書（かくんぜんしょ）　96
家事日録（かじにちろく）　123
稼穡考（かしょくこう）　122, 127
門田の栄（かどたのさかえ）　9, 120, 123, 127, 132, 141, 143, 157, 159, 162
賀茂郡竹原東ノ村田畠諸耕作仕様帖（かもぐんたけはらひがしのむらたはたしょこうさくしようちょう）　96
岐蘇路記（きそじのき）　167
北設楽郡史（きたしたらぐんし）　70
北設楽民俗資料調査報告（きたしたらみんぞくしりょうちょうさほうこく）　70
九州表虫防方等聞合記（きゅうしゅうおもてむしふせぎかたとうききあわせのき）　120, 123
久住近在耕作仕法略覚（くじゅうきんざいこうさくしほうりゃくおぼえ）　97
軽邑耕作鈔（けいゆうこうさくしょう）　5, 97, 124
耕耘録（こううんろく）　3, 97, 123, 126
広益国産考（こうえきこくさんこう）　5
郷鏡（ごうかがみ）　120, 124

耕稼春秋（こうかしゅんじゅう） 4, 8, 121, 126
耕作仕様考（こうさくしようこう） 123
耕作大要（こうさくたいよう） 121
耕作噺（こうさくばなし） 3, 4, 121, 132
合志郡大津手永田畑諸作根付浚取揚収納時候之考（ごうしぐんおおつてながたはたしょさくねつけねさらえとりあげしゅうのうじこうのかんがえ） 122, 126

[サ 行]
菜園温古録（さいえんおんころく） 97
再種方（さいしゅほう） 123, 157
山林原野調査法細目（さんりんげんやちょうさほうさいもく） 71
自家業事日記（じかぎょうじにっき） 97, 124
地方凡例録（じかたはんれいろく） 71, 79, 92
私家農業談（しかのうぎょうだん） 122
仕事割控（しごとわりひかえ） 123, 127
社稷準縄録（しゃしょくじゅんじょうろく） 96
深耕録（しんこうろく） 124
斉民要術（せいみんようじゅつ） 19
清良記（せいりょうき） 6, 9, 121, 126

[タ 行]
田原町史（たはらちょうし） 157
地形図図式詳解（ちけいずずしきしょうかい） 55
地籍字分全図（ちせきあざわけぜんず） 37, 57, 60, 71, 78, 142, 157, 161, 185, 190-192
地籍図（ちせきず） 185
地籍帳（ちせきちょう） 57, 61, 64, 71, 78, 142, 144, 147, 157, 161, 185, 191, 192
東郡田畠耕方并草木目当書上（とうぐんたはたたがやしかたならびにそうもくめあてかきあげ） 3
東道農事荒増（とうどうのうじあらまし） 97

都道府県別日本の民俗地図集成（とどうふけんべつにほんのみんぞくちずしゅうせい） 128
豊秋農笑種（とよあきのわらいぐさ） 124, 126

[ナ 行]
西村外間筑登之親雲上農書（にしむらほかまちくどうんぺーちんのうしょ） 97
日知録（にっちろく） 124, 127
日本農書全集（にほんのうしょぜんしゅう） 94, 96, 121
日本林制史資料（にほんりんせいししりょう） 78
年々種蒔覚帳（ねんねんたねまきおぼえちょう） 97
農稼業事（のうかぎょうじ） 122, 126
農稼業状筆録（のうかぎょうじょうひつろく） 122
農稼録（のうかろく） 3, 124, 127, 187, 189
農業家訓記（のうぎょうかくんき） 96
農業稼仕様（のうぎょうかせぎしよう） 123, 126
農業耕作万覚帳（のうぎょうこうさくよろずおぼえちょう） 96
農業功者江御問下ケ十ケ條并ニ四組四人ゟ御答書共ニ控（のうぎょうこうしゃへおといさげじっかじょうならびによんくみよにんよりおこたえがきともにひかえ） 123
農業心得記（のうぎょうこころえき） 122, 127
農業自得（のうぎょうじとく） 3, 123
農業順次（のうぎょうじゅんじ） 121
農業図絵（のうぎょうずえ） 132
農業全書（のうぎょうぜんしょ） 3, 4, 7, 8, 12, 18, 26, 28, 29, 41, 43, 46, 51, 96, 120, 121, 126, 131
農業手曳草（のうぎょうてびきぐさ） 124, 126
農業時の栞（のうぎょうときのしおり） 5, 7, 8, 32, 34, 39, 43, 45, 46, 49, 51

農業日用集（のうぎょうにちようしゅう）48, 49
農具揃（のうぐせん）97, 124, 127
農具便利論（のうぐべんりろん）6, 111
農事遺書（のうじいしょ）3, 121, 127
農事弁略（のうじべんりゃく）5
農政全書（のうせいぜんしょ）19, 27
農談会日誌（のうだんかいにっし）128
農民之勤耕作之次第覚書（のうみんのつとめこうさくのしだいおぼえがき）121
農要録（のうようろく）97
除稲虫之法（のぞくいなむしのほう）97

[ハ 行]
氾勝之書（はんしょうししょ）19, 21, 23, 26, 29
肥後国耕作聞書（ひごのくにこうさくききがき）97
飛州志（ひしゅうし）92
百性作方年中行事（ひゃくしょうつくりかたねんじゅうぎょうじ）122
百姓伝記（ひゃくしょうでんき）3, 6, 7, 9, 10, 111, 121
苗蛮図（びょうばんず）177
苗蛮図冊（びょうばんずさつ）177

粉本稿（ふんぽんこう）167, 168
豊稼録（ほうかろく）122, 157
北越新発田領農業年中行事（ほくえつしばたりょうのうぎょうねんじゅうぎょうじ）97, 123

[マ 行]
満作往来（まんさくおうらい）3
村松家訓（むらまつかくん）96, 122
綿圃要務（めんぽようむ）6, 43
物紛（ものまぎれ）96

[ヤ 行]
薬草木作植書付（やくそうぼくつくりうえかきつけ）3
やせかまど 96, 122, 127
山本家百姓一切有近道（やまもとけひゃくしょういっさいちかみちあり）122, 126
萬留帳（よろずとめちょう）156

[ラ 行]
理科年表（りかねんぴょう）27
粒々辛苦録（りゅうりゅうしんくろく）122

著者紹介

有薗 正一郎 ありぞの しょういちろう

1948年 鹿児島市生まれ
1976年 立命館大学大学院文学研究科博士課程を単位修得により退学
1989年 文学博士（立命館大学）
現在，愛知大学文学部教授（地理学を担当）

主な著書等
『近世農書の地理学的研究』（古今書院）
『在来農耕の地域研究』（古今書院）
『ヒガンバナが日本に来た道』（海青社）
『ヒガンバナの履歴書』（あるむ）
『近世東海地域の農耕技術』（岩田書院）
『近世庶民の日常食』（海青社）
翻刻『農業時の栞』（『日本農書全集』第40巻，農山漁村文化協会）

農耕技術の歴史地理　　　　　　　　　　　　愛知大学文學会叢書XII

2007年3月6日　第1刷発行　　　　　　　　〈検印省略〉

著　者　　有薗　正一郎

発行者　　橋　本　寿　資
　　　　　東京都千代田区神田駿河台2-10

発行所　　株式会社　古今書院
　　　　　電話 03-3291-2757〜59

ISBN978-4-7722-6101-2　C1025

©ARIZONO Shoichiro 2007　Printed in Japan　　（有）いりす

愛知大学『文學会叢書』発刊に寄せて

文學会委員長　安　本　　博

　平成8年11月に愛知大学は創立50周年を迎えることができた。文學会は、昭和24 (1949) 年の文学部開設を承けて同年11月に創設されているので、創立50周年を迎えた大学の歴史と足並みが揃っているわけではないが、ほぼ半世紀の足跡を印したことになる。

　この間、文学部や教養部に籍を置く人文科学系教員がその研究成果を発表する場としての『文學論叢』を編集し発行することを主要な任務の一つとしてきた。平成8年度末には第114輯が上梓されている。年平均2回を超える発刊を実現してきたことになる。

　研究成果発表の機関誌としては、着実な歩みを続けてきたと自負することができるだけでなく、発表された研究成果の中には斯界でそれ相当の評価を受けた論文も少なからずあると聞き及んでいる。

　世の有為転変につれて、大学へ進学する学生が同世代の40%を超えるほどになり、大学を取り巻く環境の変化に促されながら大学のあり方も変わってきた。数十年前には想像だにできなかったいろいろな名称の学部が、各大学で設立されている。研究の領域が拡大され、研究対象も方法も多面的になった反映でもある。愛知大学でも世界に類例をみない現代中国学部がこの4月から正式に発足する。そして来年度開設にむけて国際コミュニケーション学部が認可申請中である。かかる大きな時代の変容の只中で、国立大学では教員の任期制の強制的導入が指呼の間に迫っているとも伝えられる。

　顧みれば、世界のありようが大きく変わる中で、学問それ自体、あるいは大学それ自体のありようが問われる、といったようなことは既に昭和40年代に経験したことである。

　当時先鋭な学生によって掲げられた主要なテーマの一つでもあった「大学解体」が、それこそ深く静かに形を変えながら進行しつつあるのが、大学のおかれている現状だと言ってもよいのかもしれぬ。

　かかる変化の時代に愛知大学文學会叢書の刊行が実現したのは、文学会の、すなわち構成員の活動範囲における画期である。この叢書は奔放な企画に基づいている。一定の制約は設けているが、評議員たる構成員の関わるあらゆる領域、分野、あるいは種類、形態の学術的研究成果の発表が叢書刊行の主目的である。

　世の変化を映しつつも、世の変化に動じない、しかし世の中を変えるような研究の成果が毎年堅実に公表されて、叢書刊行の意義が共有されればと祈っている次第である。

　　平成9年3月